高等职业教育系列教材

建筑结构习题集

四川建筑职业技术学院土木工程系　编

中国建筑工业出版社

图书在版编目（CIP）数据

建筑结构习题集 / 四川建筑职业技术学院土木工程系编. -- 北京：中国建筑工业出版社，2024.9.（高等职业教育系列教材）. -- ISBN 978-7-112-30170-6

Ⅰ．TU3-44

中国国家版本馆 CIP 数据核字第 2024TY0181 号

本书为《建筑结构》的配套习题集，前半部分按 7 个教学单元分别设置了知识点小结和章节练习，包括绪论、建筑结构计算基本原则、混凝土基本构件、钢筋混凝土梁板结构、多层及高层钢筋混凝土房屋、砌体结构和钢结构；后半部分设置了 10 套综合试题。本书可扫码查看参考答案。

本书适合高等职业院校土建类专业师生采用，也适用于职教本科和应用型本科相关专业师生。

责任编辑：李天虹　王美玲
责任校对：姜小莲

高等职业教育系列教材
建筑结构习题集
四川建筑职业技术学院土木工程系　编
*
中国建筑工业出版社出版、发行（北京海淀三里河路 9 号）
各地新华书店、建筑书店经销
北京鸿文瀚海文化传媒有限公司制版
北京市密东印刷有限公司印刷
*
开本：787 毫米×1092 毫米　1/16　印张：15　字数：371 千字
2024 年 9 月第一版　2024 年 9 月第一次印刷
定价：**48.00 元**
ISBN 978-7-112-30170-6
（43125）

版权所有　翻印必究
如有内容及印装质量问题，请与本社读者服务中心联系
电话：(010) 58337283　QQ：2885381756
（地址：北京海淀三里河路 9 号中国建筑工业出版社 604 室　邮政编码：100037）

前 言

本书为《建筑结构》配套习题集。编者根据多年的教学和工程经验，对各章的重难点进行分析，并配合相应的习题练习，使学生可以更好地理解建筑结构的核心概念和应用技巧。本书在民用建筑相关规范的基础上，增加了公路桥涵规范，因此本书可用于中职和高职学校土木建筑大类及交通运输大类相关专业学生的课程学习指导和课程复习指导，亦可供函授、自学考试使用，还可作为广大工程人员的自学参考资料。

本书共分两大部分：（一）章节练习，一共 7 个教学单元，分别为：绪论、建筑结构计算基本原则、混凝土基本构件、钢筋混凝土梁板结构、多层及高层钢筋混凝土房屋、砌体结构、钢结构，在分析每个教学单元"重点与难点"的基础上，通过试题进行训练，基本涵盖了本课程的主要内容；（二）综合试题，在第一部分章节练习的基础上，编写了十套综合试题，可供读者自我检测之用。另外，本书以配套数字资源的形式提供参考答案，将章节练习和综合试题的答案进行了罗列，供读者参考，读者可通过扫码获取。

本书由四川建筑职业技术学院土木工程系教师李珂、胡蓉、杨晓红、吴大友、王俊、黄亮、黄陆海、秦鸿佩、赵茗、李根、陈凯伦、王倩、张洋、林兴萍、黄文斐，四川建筑职业技术学院交通与市政工程系教师曹梦强共同编写，四川建筑职业技术学院土木工程系张爱莲教授担任本书主审，张教授以其渊博的知识和严谨的态度，对书稿进行了仔细审阅，提出了建设性意见，编者谨此表示衷心感谢！

本书涉及的标准规范较多，书中采用了简称，主要有：

《建筑结构可靠性设计统一标准》GB 50068—2018，本书简称《统一标准》；
《建筑结构荷载规范》GB 50009—2012，本书简称《荷载规范》；
《混凝土结构设计标准》GB/T 50010—2010（2024 年版），本书简称《混凝土标准》；
《高层建筑混凝土结构技术规程》JGJ 3—2010，本书简称《高层混凝土规程》；
《砌体结构设计规范》GB 50003—2011，本书简称《砌体规范》；
《钢结构设计标准》GB 50017—2017，本书简称《钢结构标准》；
《建筑抗震设计标准》GB/T 50011—2010（2024 年版），本书简称《抗震标准》；
《建筑工程抗震设防分类标准》GB 50223—2008，本书简称《抗震设防分类标准》；

《混凝土物理力学性能试验方法标准》GB/T 50081—2019，本书简称《混凝土试验标准》；

《砌体结构工程施工质量验收规范》GB 50203—2011，本书简称《砌体验收规范》；

《公路钢筋混凝土及预应力混凝土桥涵设计规范》JTG 3362—2018，本书简称《公路混凝土规范》；

《公路桥涵设计通用规范》JTG D60—2015，本书简称《公路通用规范》；

本书"公路桥规"是以上两本规范的总称。

限于编者水平，书中错漏难免，恳请读者批评指正。

编者

2024 年 5 月

目　录

教学单元 1　绪论 ··· **1**
　　知识点小结 ··· 1
　　章节练习 ·· 2

教学单元 2　建筑结构计算基本原则 ··· **6**
　　知识点小结 ··· 6
　　章节练习 ·· 11

教学单元 3　混凝土基本构件 ··· **20**
　　知识点小结 ··· 20
　　章节练习 ·· 39

教学单元 4　钢筋混凝土梁板结构 ·· **102**
　　知识点小结 ··· 102
　　章节练习 ··· 105

教学单元 5　多层及高层钢筋混凝土房屋 ·· **119**
　　知识点小结 ··· 119
　　章节练习 ··· 120

教学单元 6　砌体结构 ··· **140**
　　知识点小结 ··· 140
　　章节练习 ··· 142

教学单元 7　钢结构 ·· **176**
　　知识点小结 ··· 176
　　章节练习 ··· 185

综合试题（一） ………………………………………………………… 193
综合试题（二） ………………………………………………………… 197
综合试题（三） ………………………………………………………… 201
综合试题（四） ………………………………………………………… 205
综合试题（五） ………………………………………………………… 209
综合试题（六） ………………………………………………………… 213
综合试题（七） ………………………………………………………… 217
综合试题（八） ………………………………………………………… 221
综合试题（九） ………………………………………………………… 225
综合试题（十） ………………………………………………………… 229

教学单元 1 绪　论

知识点小结

一、建筑结构的定义

建筑物中由若干构件连接而成的能承受"作用"的平面或空间体系称为建筑结构。

二、建筑结构的组成

1. 按构件的相对位置及作用分类
（1）水平构件
（2）竖向构件
（3）基础

2. 组成结构的各种构件按受力特点不同分类
（1）受弯构件
（2）受压构件
（3）受拉构件
（4）受扭构件
（5）受剪构件

三、建筑结构的类型、特点及应用

建筑结构按所用材料不同分为混凝土结构、砌体结构、钢结构和木结构。

1. 混凝土结构
（1）素混凝土结构：指无筋或不配置受力钢筋的混凝土结构。
（2）钢筋混凝土结构：指配置受力普通钢筋的混凝土结构。
优点：就地取材、耐久性好、整体性好、可模性好、耐火性好。
缺点：自重大、抗裂性能差、现浇结构模板用量大、工期长。
（3）预应力混凝土结构：配置受力的预应力钢筋通过张拉或其他方法建立预应力的混凝土结构。
优点：延缓开裂、提高构件抗裂性能和刚度、节约钢筋、减轻自重。
缺点：构造、计算和施工均较复杂，延性差。

2. 砌体结构

指由块体（砖、砌块、石材）和砂浆砌筑的墙、柱作为建筑物主要受力构件的结构。

优点：取材方便，造价低廉；具有良好的耐火性及耐久性；具有良好的保温、隔热、隔声性能，节能效果好；施工简单，技术容易掌握和普及，也不需要特殊的设备。

缺点：自重大，砌筑工作繁重，整体性差；普通黏土砖砌体的黏土用量大，要占用农田，影响农业生产。

3. 钢结构

指以钢材为主制作的结构。

优点：材料强度高，塑性与韧性好；材质均匀，各向同性；便于工厂生产和机械化施工，便于拆卸；具有优越的抗震性能；无污染、可再生、节能、安全，符合建筑可持续发展的原则。

缺点：易腐蚀，因而维护费用较高；耐火性差。

4. 木结构

指全部或大部分用木材制作的结构。

优点：易于就地取材，制作简单，对环境污染小，同时木材具有材质轻、强度较高、可再生、可回收的优点。

缺点：木材资源短缺、易燃、易腐蚀、变形大。

章节练习

1.1 建筑结构的基本概念

一、填空题

1. 建筑结构是由_____组成的能承受和传递_____的体系。
2. 钢筋混凝土是由_____和_____两种不同的材料组成的。
3. 按照所用材料的不同，建筑结构可分为_____、_____、_____、_____四种类型。
4. 钢筋混凝土结构主要利用混凝土承受_____，钢筋承受_____，二者共同工作，以满足工程结构的使用要求。
5. 砌体结构是由_____和_____砌筑的墙、柱作为建筑物主要受力构件的结构。
6. 钢结构是指以_____为主制作的结构。
7. 由于混凝土的_____很小，钢筋混凝土结构在正常使用下一般是带裂缝工作的。

二、单选题

1. 下列构件不属于建筑结构范畴的是（　　）。
   A. 梁　　　　　　　　　　　　B. 柱
   C. 板　　　　　　　　　　　　D. 窗

2. 下列不属于建筑结构竖向构件的是（　　）。
   A. 框架柱　　　　　　　　　　　B. 剪力墙
   C. 填充墙　　　　　　　　　　　D. 框架
3. 下列不属于建筑结构水平构件的是（　　）。
   A. 框架梁　　　　　　　　　　　B. 柱
   C. 雨篷板　　　　　　　　　　　D. 屋架
4. 下列有关钢筋混凝土结构特点说法正确的是（　　）。
   A. 可模性好　　　　　　　　　　B. 抗裂性能好
   C. 工期短　　　　　　　　　　　D. 自重轻
5. 在其他条件相同的情况下，与素混凝土梁比较，钢筋混凝土梁的承载能力（　　）。
   A. 相同　　　　　　　　　　　　B. 提高许多
   C. 降低　　　　　　　　　　　　D. 不确定
6. 在其他条件相同的情况下，与素混凝土梁比较，钢筋混凝土梁的抗裂能力（　　）。
   A. 相同　　　　　　　　　　　　B. 提高不多
   C. 提高许多　　　　　　　　　　D. 降低
7. 下列有关砌体结构特点说法正确的是（　　）。
   A. 造价较高　　　　　　　　　　B. 取材方便
   C. 施工复杂　　　　　　　　　　D. 自重轻
8. 砌体结构较常用的范围不包括（　　）。
   A. 多层住宅　　　　　　　　　　B. 高层建筑
   C. 办公楼　　　　　　　　　　　D. 宿舍楼
9. 下列有关钢结构特点的说法不正确的是（　　）。
   A. 强重比大　　　　　　　　　　B. 塑性、韧性好
   C. 耐腐性好　　　　　　　　　　D. 耐火性差
10. 下列有关木结构特点的说法不正确的是（　　）。
    A. 制作简单　　　　　　　　　　B. 环境污染小
    C. 材质轻　　　　　　　　　　　D. 木材变形量小
11. 可塑性好的建筑结构是（　　）。
    A. 钢结构　　　　　　　　　　　B. 钢筋混凝土结构
    C. 砌体结构　　　　　　　　　　D. 木结构

三、多选题

1. 建筑结构课程在学习过程中要（　　）。
   A. 注意联系实际　　　　　　　　B. 注意同力学课程的联系与区别
   C. 重视各种构造措施　　　　　　D. 同时学习有关工程建设标准
2. 同普通钢筋混凝土梁比较，预应力混凝土构件（　　）。
   A. 可节约钢材　　　　　　　　　B. 可提高抗裂能力
   C. 可提高延性　　　　　　　　　D. 可提高结构刚度
3. 砌体结构的优点包括（　　）。

A. 保温性能好 B. 施工简单
C. 取材方便 D. 砌筑工作量小

4. 建筑结构的组成包括（　　）。

A. 填充墙 B. 水平构件
C. 竖向构件 D. 基础

5. 建筑结构按材料分类包括（　　）。

A. 砌体结构 B. 框架结构
C. 混凝土结构 D. 钢结构及木结构

6. 钢筋混凝土结构的缺点包括（　　）。

A. 耐火性差 B. 自重大
C. 隔声隔热差 D. 费工费模板

7. 混凝土结构包括（　　）。

A. 素混凝土结构 B. 砖混结构
C. 钢筋混凝土结构 D. 预应力混凝土结构

8. 钢结构的优点包括（　　）。

A. 具有良好的抗震性能 B. 耐火性好
C. 材质均匀，各向同性 D. 强度高，塑性韧性好

9. 混凝土结构广泛应用于（　　）。

A. 高层住宅 B. 桥梁
C. 商业办公楼 D. 构筑物

10. 混凝土结构的优点包括（　　）。

A. 耐久性好 B. 抗裂性好
C. 整体性好 D. 自重轻

四、判断题

1. 木结构为全部或大部分承力构件由木材制成的结构。（　　）
2. 混凝土的抗压强度较高，但抗拉强度却很低。（　　）
3. 砌体结构由块材和砂浆组成。（　　）

五、简答题

1. 什么是建筑结构？

2. 按照所用材料的不同，建筑结构可以分为哪几类？

3. 什么是建筑结构上的作用?

4. 钢筋混凝土结构的优点和缺点有哪些?

5. 砌体结构的优点和缺点有哪些?

6. 钢结构的优点和缺点有哪些?

参考答案

教学单元1 绪论

教学单元2 建筑结构计算基本原则

知识点小结

一、结构上的作用

1. 作用的概念

使结构产生内力或变形的各种原因统称为"作用",分为直接作用和间接作用两种。在建筑结构中习惯将直接作用称为荷载,在公路桥梁中均称为作用。

2. 荷载的分类

按时间的变异性分为:

(1) 永久荷载

(2) 可变荷载

(3) 偶然荷载

在公路桥梁中,按时间的变异性分为:

(1) 永久作用

(2) 可变作用

(3) 偶然作用

(4) 地震作用

3. 荷载代表值

(1) 永久荷载:采用标准值作为代表值。

(2) 可变荷载:采用标准值、组合值、频遇值、准永久值作为代表值。

① 荷载标准值,指结构在设计基准期内可能发现的最大荷载值,它是荷载的基本代表值。

② 可变荷载准永久值:在设计基准期内经常达到或超过的那部分荷载值。

③ 可变荷载组合值:两种或两种以上可变荷载同时作用于结构上时,所有可变荷载同时达到其单独出现时可能达到的最大值的概率极小,因此,除主导荷载仍可以其标准值为代表值外,其他伴随荷载均应以小于标准值的荷载值为代表值。

④ 可变荷载频遇值:在设计基准期内被超越的总时间仅为设计基准期一小部分的荷载值。

二、作用效应

是结构上的各种作用对结构产生的效应的总称,包括内力(轴力、弯矩、剪力、扭矩等）和变形（如挠度、转角、裂缝等），用 S 表示。

三、结构的设计工作年限

指设计规定的结构或结构构件不需进行大修即可按其预定目的使用的时期。换言之，就是结构在正常设计、正常施工、正常使用和维护下所应达到的持久年限。

四、结构的功能要求

1. 安全性
2. 适用性
3. 耐久性
4. 可靠性：结构在规定时间内，在规定条件下，完成预定功能的能力。
5. 可靠度：结构在规定时间内，在规定条件下，完成预定功能的概率。

五、结构功能的极限状态

1. 极限状态的定义及分类
（1）承载能力极限状态
（2）正常使用极限状态
（3）耐久性极限状态
我国公路桥规将极限状态分为承载能力极限状态和正常使用极限状态。
2. 极限状态方程
（1）结构抗力：结构或构件承受作用效应的能力，如构件的承载力、刚度、抗裂度等，用 R 表示。
（2）结构的功能函数：
$$Z = g(R, S) = R - S$$
实际工程中，可能出现以下三种情况：
① $Z>0$，即 $R>S$，此时结构处于可靠状态；
② $Z<0$，即 $R<S$，此时结构处于失效状态；
③ $Z=0$，即 $R=S$，此时结构处于极限状态。

六、结构的安全等级

房屋建筑结构安全等级划分

安全等级	一级	二级	三级
破坏后果	很严重	严重	不严重
建筑物类型	重要的房屋	一般的房屋	次要的房屋

公路桥涵结构安全等级划分

设计安全等级	破坏后果	适用对象
一级	很严重	(1) 各等级公路上的特大桥、大桥、中桥； (2) 高速公路、一级公路、二级公路、国防公路及城市附近交通繁忙公路上的小桥

续表

设计安全等级	破坏后果	适用对象
二级	严重	(1)三、四级公路上的小桥； (2)高速公路、一级公路、二级公路、国防公路及城市附近交通繁忙公路上的涵洞
三级	不严重	三、四级公路上的涵洞

城市桥梁结构安全等级划分

安全等级	结构类型	类别
一级	重要结构	特大桥、大桥、中桥、重要小桥
二级	一般结构	小桥、重要挡土墙
三级	次要结构	挡土墙、防撞护栏

七、实用设计表达式

1. 按承载能力极限状态设计的实用表达式

$$S_d \leqslant R_d$$

式中 S_d——荷载组合的效应设计值；

R_d——结构构件的承载力设计值，即抗力设计值。

《统一标准》规定，荷载与荷载效应按线性关系考虑时，荷载基本组合的效应设计值 S_d 按下式中最不利值计算。

对于房屋建筑结构：

$$S_d = \gamma_0 \left(\sum_{j \geqslant 1} \gamma_{Gj} S_{Gjk} + \gamma_{Q1} \gamma_{L1} S_{Q1k} + \sum_{i>1} \gamma_{Qi} \gamma_{Li} \psi_{ci} S_{Qik} \right)$$

γ_G、γ_Q 取值

荷载分项系数	当荷载对承载力不利时	当荷载对承载力有利时
γ_G	1.3	≤1.0
γ_Q	1.5	0

对于公路桥梁结构：

$$S_{ud} = \sum_{i=1}^{m} \gamma_{Gi} G_{ik} + \gamma_{Q1} \gamma_{L1} Q_{1k} + \psi_c \sum_{j=2}^{n} \gamma_{Qj} \gamma_{Lj} Q_{jk}$$

永久作用的分项系数

序号	作用类别	永久作用分项系数	
		对结构的承载力不利时	对结构的承载力有利时
1	混凝土和圬工结构重力(包括结构附加重力)	1.2	1.0
	钢结构重力(包括结构附加重力)	1.1 或 1.2	
2	预加力	1.2	1.0
3	土的重力	1.2	1.0
4	混凝土的收缩及徐变作用	1.0	1.0

续表

序号	作用类别		永久作用分项系数	
			对结构的承载力不利时	对结构的承载力有利时
5	土侧压力		1.4	1.0
6	水的浮力		1.0	1.0
7	基础变位作用	混凝土和圬工结构	0.5	0.5
		钢结构	1.0	1.0

2. 按正常使用极限状态设计的实用表达式

$$S_d \leqslant C$$

式中　S_d——正常使用极限状态荷载组合的效应设计值，如挠度、裂缝宽度等；

　　　C——结构构件达到正常使用要求所规定的限值，如变形、裂缝宽度、应力和自振频率等的限值。

对于桥梁结构，按以下方法进行计算：

（1）作用频遇组合

$$S_{fd} = \sum_{i=1}^{m} G_{ik} + \psi_{f1} Q_{1k} + \sum_{j=2}^{n} \psi_{qj} Q_{jk}$$

（2）作用准永久组合

$$S_{qd} = \sum_{i=1}^{m} G_{ik} + \sum_{j=1}^{n} \psi_{qj} Q_{jk}$$

八、地震的基本概念

1. 地震的定义及分类

按产生的原因，地震主要可分为火山地震、陷落地震、人工诱发地震和构造地震。

2. 地震的破坏作用

（1）地表破坏；

（2）建筑结构破坏；

（3）地震次生灾害。

3. 地震的基本术语

（1）震源：地震发生时岩层断裂或错动产生振动的部位。

（2）震源深度：震源至地面的垂直距离。

（3）震中：震源在地表的垂直投影点。

（4）震中区：地震发生时震动和破坏最大的地区。

（5）震中距：受地震影响地区至震中的距离。

（6）等震线：在同一地震中，具有相同地震烈度地点的连线。

4. 震级与烈度

（1）震级：衡量一次地震大小的等级。以地震仪测定的地震活动释放的能量多少来确定，用符号 M 表示。

震级每相差 1 级，地震释放的能力量差 32 倍。

(2) 地震烈度：地震时某一地点震动的强烈程度。

九、建筑抗震设防

1. 抗震设防烈度

一个地区抗震设防依据的烈度。

2. 抗震设防目标

第一水准：当遭受低于本地区抗震设防烈度的多遇地震影响时，建筑物一般不受损坏或不需修理仍可继续使用。

第二水准：当遭受本地区规定设防烈度的地震影响时，建筑物可能产生一定的损坏，经一般修理或不需修理仍可继续使用。

第三水准：当遭受高于本地区规定设防烈度的预估的罕遇地震影响时，建筑可能产生重大破坏，但不致倒塌或发生危及生命的严重破坏。

通常将其概括为："小震不坏，中震可修，大震不倒。"

3. 抗震设防分类

特殊设防类建筑（简称甲类建筑）指使用上有特殊设施，涉及国家公共安全的重大建筑工程和地震时可能发生严重次生灾害等特别重大灾害后果，需要进行特殊设防的建筑。如国家和区域的电力调度中心，三级医院中承担特别重要医疗任务的门诊、住院用房等，存放具有高放射性物品的建筑。

重点设防类建筑（简称乙类建筑）指地震时使用功能不能中断或需尽快恢复的生命线相关建筑，以及地震时可能导致大量人员伤亡等重大灾害后果，需要提高设防标准的建筑。如省、自治区、直辖市的电力调度中心，大型电影院，幼儿园、小学、中学的教学用房以及学生宿舍和食堂等。

标准设防类建筑（简称丙类建筑）除甲、乙、丁类以外按标准要求进行设防的建筑。如居住建筑等。

适度设防类建筑（简称丁类建筑）指使用上人员稀少且震损不致产生次生灾害，允许在一定条件下适度降低要求的建筑。如一般的储存物品的价值低、人员活动少、无次生灾害的单层仓库等。

4. 抗震设防标准

标准设防类，应按本地区抗震设防烈度确定其抗震措施和地震作用，达到在遭遇高于当地抗震设防烈度的预估罕遇地震影响时不致倒塌或发生危及生命安全的严重破坏的抗震设防目标。

重点设防类，应按高于本地区抗震设防烈度一度的要求加强其抗震措施；但抗震设防烈度为9度时应按比9度更高的要求采取抗震措施；地基基础的抗震措施，应符合有关规定。同时，应按本地区抗震设防烈度确定其地震作用。

特殊设防类，应按高于本地区抗震设防烈度一度的要求加强其抗震措施；但抗震设防烈度为9度时应按比9度更高的要求采取抗震措施。同时，应按批准的地震安全性评价的结果且高于本地区抗震设防烈度的要求确定其地震作用。

适度设防类，允许比本地区抗震设防烈度的要求适当降低其抗震措施，但抗震设防烈度为6度时不应降低。一般情况下，仍应按本地区抗震设防烈度确定其地震作用。

十、建筑场地分类

场地指建筑物所在的区域,其范围大体相当于厂区、居民小区和自然村的区域,范围不应太小,在平坦地区面积一般不小于 1km×1km。

场地条件不同,结构的地震反应(因地震而产生的结构加速度、速度、位移、内力、变形等)和震害不同。相应地,结构受到的地震作用和所应采取的抗震措施也不同。因此,抗震设计中需要划分场地的类别。

十一、抗震概念设计

1. 场地选择

为减轻震害,必须选择对抗震有利的场地。

有利、一般、不利和危险地段的划分

地段类别	地质、地貌、地形
有利地段	稳定基岩,坚硬土或开阔平坦、密实均匀的中硬土等
一般地段	不属于有利、不利和危险的地段
不利地段	软弱土,液化土,条状突出的山嘴,高耸的山丘,陡坡、陡坎,河岸和边坡的边缘,平面分布上成因、岩性、状态明显不均匀的土层,高含水量的可塑黄土,地表存在结构性裂缝等
危险地段	在地震时可能发生滑坡、崩塌、地陷、地裂、泥石流等的部位,地震断裂带上可能发生地表错位的部位

2. 地基和基础设计

同一结构单元不宜设置在性质截然不同的地基土上,也不宜部分采用天然地基、部分采用桩基。

3. 建筑和结构的规律性

规则的建筑结构抗震性能好,震害轻。

4. 结构体系

应根据建筑的抗震设防类别、抗震设防烈度、建筑高度、场地条件、地基、结构材料和施工等因素,经技术、经济和使用条件综合比较确定。

5. 非结构构件

非结构构件应与主体结构有可靠的连接或锚固。

6. 结构材料与施工

应符合规范规定的相关要求。

2.1 作用与作用效应

一、填空题

1. 荷载按随时间的变异可分为_____、_____和_____。

2. 对于不同的荷载和不同的设计情况，应赋予荷载不同的量值，该量值即为荷载_____。

3. 对永久荷载应采用_____作为荷载代表值。

4. 对可变荷载应根据设计要求采用标准值、_____、_____或准永久值作为代表值。

5. 设计基准期是为确定可变荷载代表值而选定的_____，一般房屋建筑取____年，桥梁取____年。

二、单选题

1. 在结构正常使用期间，其值不随时间变化，或者其变化与其平均值相比可忽略不计的荷载称为（　　）。
   A. 可变荷载　　　　　　　　　　B. 永久荷载
   C. 偶然荷载　　　　　　　　　　D. 短期荷载

2. 在结构正常使用期间，其值随时间变化，且其变化与其平均值相比不可忽略不计的荷载称为（　　）。
   A. 可变荷载　　　　　　　　　　B. 永久荷载
   C. 偶然荷载　　　　　　　　　　D. 短期荷载

3. （　　）就是结构在设计基准期内具有一定概率的最大荷载值，它是荷载的基本代表值。
   A. 组合值　　　　　　　　　　　B. 频遇值
   C. 荷载标准值　　　　　　　　　D. 准永久值

4. 永久荷载也称恒荷载，例如（　　）。
   A. 雪荷载　　　　　　　　　　　B. 楼面使用荷载
   C. 结构自重　　　　　　　　　　D. 风荷载

5. 可变荷载也称活荷载，例如（　　）。
   A. 爆炸力　　　　　　　　　　　B. 撞击力
   C. 风荷载　　　　　　　　　　　D. 土压力

6. 偶然荷载是在结构使用期间不一定出现，而一旦出现其量值很大且持续时间较短的荷载，例如（　　）。
   A. 爆炸力　　　　　　　　　　　B. 吊车荷载
   C. 土压力　　　　　　　　　　　D. 风荷载

7. 下列荷载中代表值只有标准值的是（　　）。
   A. 永久荷载　　　　　　　　　　B. 可变荷载
   C. 偶然荷载　　　　　　　　　　D. 风荷载

三、多选题

1. 下列作用属于直接作用的有（　　）。
   A. 永久作用　　　　　　　　　　B. 可变作用
   C. 偶然作用　　　　　　　　　　D. 温度应力

2. 偶然荷载指的是在结构的设计使用期内偶然出现（或不出现），其数值很大、持续时间很短的荷载，如下所列的（　　）。

A. 渡轮偏离航道，与桥墩发生剧烈碰撞产生的撞击力

B. 恐怖袭击中，恐怖分子在大楼中安装的定时炸弹爆炸时产生的冲击力

C. 行车速度过快，不慎撞到大桥护栏上产生的撞击力

D. 吊车荷载

3. 下列荷载中属于活荷载的是（　　）。

A. 土压力　　　　　　　　　　B. 风荷载

C. 积灰荷载　　　　　　　　　D. 结构自重

4. 下列作用属于永久作用的是（　　）。

A. 预加力　　　　　　　　　　B. 水浮力

C. 流水压力　　　　　　　　　D. 冰压力

2.2　建筑结构概率极限状态设计法

一、填空题

1. 结构设计时，应根据结构破坏可能产生的后果的严重性，采用不同的安全等级。根据破坏后果的严重程度，建筑结构划分为_____个安全等级。

2. 结构在设计使用年限内应具备的功能要求有：_____、_____和_____。

3. 结构的安全性、适用性和耐久性是结构可靠的标志，总称为结构的_____。

4. 对安全等级为二级或设计使用年限为50年的建筑结构构件，结构构件的重要性系数为_____。

5. 建筑结构的极限状态包括：_____、_____、_____。

6. 当功能函数Z<0时，结构处于_____状态（A. 可靠状态；B. 失效状态）。

7. 结构在结构构件规定的时间内，规定的_____，完成预定功能的_____，称为结构的可靠性。

8. 结构和结构构件在规定的时间内，规定的_____，完成预定功能的_____，称为结构的可靠度。

9. 设计使用年限是设计规定的一个期限，在这一规定的时期内，结构或结构构件只需进行_____，而不需进行_____就能按预期目的使用，完成预期的功能。

二、单选题

1. 对安全等级为一级的结构构件，其重要性系数为（　　）。

A. 0.9　　　　　　　　　　　B. 1.0

C. 1.1　　　　　　　　　　　D. 不确定

2. 出现下列哪个状态可认为超过了承载能力极限状态？（　　）

A. 影响正常使用或外观的变形

B. 影响正常使用或耐久性的局部损坏

C. 影响正常使用的震动
D. 整个结构或结构的一部分作为刚体失去平衡

3. 出现下列哪个状态可认为超过了正常使用极限状态？（　　）
   A. 影响正常使用或外观的变形
   B. 结构构件强度不够而破坏
   C. 结构转变为机动体系
   D. 整个结构或结构的一部分作为刚体失去平衡

4. 结构应满足的功能要求是（　　）。
   A. 安全性、适用性、耐久性
   B. 经济、适用、美观
   C. 可靠性、稳定性、耐久性
   D. 安全、舒适、经济

5. 《统一标准》规定，普通房屋和构筑物的设计使用年限应为（　　）。
   A. 25 年
   B. 35 年
   C. 50 年
   D. 100 年

6. 结构在规定的时间内，规定的条件下，完成预定功能的能力，称为结构的（　　）。
   A. 安全性
   B. 适用性
   C. 耐久性
   D. 可靠性

7. 我国建筑结构采用的设计基准期为（　　）。
   A. 25 年
   B. 50 年
   C. 60 年
   D. 100 年

8. 下列各种状态你认为超过了承载能力极限状态的是（　　）。
   A. 剪力墙产生了过大的裂缝
   B. 雨篷发生了倾覆破坏
   C. 沉降量过大
   D. 水池漏水

9. 对于结构设计理论方法，现阶段规范采用的是（　　）。
   A. 容许应力法
   B. 以概率论为基础的极限状态法
   C. 极限状态法设计法
   D. 全概率极限状态设计法

10. 下列各种状态你认为达到了正常使用状态的是（　　）。
    A. 结构转变为机动体系
    B. 柱子发生了疲劳破坏
    C. 结构产生较大变形，致使门窗无法使用
    D. 阳台发生倾覆破坏

11. 承载能力极限状态主要考虑结构的（　　）。
    A. 安全性
    B. 舒适性
    C. 适用性
    D. 耐久性

12. 若 S 表示构件截面上的荷载效应，R 表示构件截面的抗力，构件截面处于可靠状态时，则对应于（　　）式。
    A. $R<S$
    B. $R=S$
    C. $R>S$
    D. $R\leqslant S$

13. 特别重要的结构在破坏后可能会产生很严重的后果，进行承载力计算时其结构构件重要性系数 γ_0 取值应为（　　）。
    A. 0.9
    B. 1.0
    C. 1.05
    D. 1.1

14. 结构在规定时间内，在规定条件下完成预定功能的概率称为（　　）。
   A. 安全度　　　　　　　　　　　B. 可靠度
   C. 可靠性　　　　　　　　　　　D. 耐久性

15. 下列不属于结构的功能要求的是（　　）。
   A. 安全性　　　　　　　　　　　B. 美观性
   C. 耐久性　　　　　　　　　　　D. 适用性

16. 若 S 表示构件截面上的荷载效应，R 表示构件截面的抗力，当 $R-S=0$ 时构件截面处于（　　）状态。
   A. 失效　　　　　　　　　　　　B. 可靠
   C. 极限　　　　　　　　　　　　D. 不确定

17. 某钢筋混凝土屋架下弦杆工作中由于产生过大振动而影响正常使用，则可认定此构件不满足（　　）。
   A. 安全性功能　　　　　　　　　B. 适用性功能
   C. 耐久性功能　　　　　　　　　D. 上述三项

18. 计算建筑结构荷载效应时，永久荷载分项系数的取值应是（　　）。
   A. 任何情况下均取 1.3　　　　　B. 其荷载对承载力不利时取 1.3
   C. 其效应对结构有利时取 1.3　　D. 其荷载对承载力不利时取 1.5

三、多选题

1. 结构应满足的功能要求包括（　　）。
   A. 经济、美观　　　　　　　　　B. 稳定性、舒适性
   C. 安全性　　　　　　　　　　　D. 适用性、耐久性

2. 下列（　　）状态应按承载力极限状态验算。
   A. 结构作为刚体失去平衡　　　　B. 影响耐久性能的局部损坏
   C. 过度的塑性变形而不适于继续承载　　D. 构件失去稳定

3. 当结构或构件出现下列（　　）状态之一时，即认为超过了正常使用极限状态。
   A. 结构或结构件丧失稳定（如压屈等）
   B. 影响正常使用或耐久性能的局部损坏（包括裂缝）
   C. 影响正常使用或外观的变形
   D. 影响正常使用的振动

4. 下列状态中，（　　）应视为超过承载能力极限状态。
   A. 雨篷板根部裂缝过宽　　　　　B. 钢筋混凝土梁发生少筋破坏
   C. 钢筋混凝土柱失稳　　　　　　D. 吊车梁产生疲劳破坏

5. 下列状态中，（　　）应视为超过正常使用极限状态。
   A. 人员在楼板上行走，晃动较大，心理不适感强烈
   B. 钢筋混凝土梁跨中挠度超过规定限值
   C. 钢筋混凝土柱失稳
   D. 吊车梁扰度过大，导致吊车无法正常运行

6. 作用效应是指结构上各种作用对结构产生的效应的总称，包括（　　）。

A. 弯矩、剪力　　　　　　　　B. 风力、集中力
C. 挠度、裂缝　　　　　　　　D. 转角、地基沉降

7. 对于正常使用极限状态验算，一般采用荷载效应组合包括（　　）。
A. 基本组合　　　　　　　　　B. 标准组合
C. 准永久组合　　　　　　　　D. 频遇组合

四、简答题

1. 结构的可靠性和可靠度的定义分别是什么？二者间有何联系和区别？

2. 什么是结构功能的极限状态？承载能力极限状态和正常使用极限状态的含义分别是什么？

3. 超过极限状态的形式分别有哪些？

五、计算题（第1、2题按民用建筑规范计算，第3、4题按公路桥梁规范计算）

1. 某住宅楼面梁，由永久荷载标准值引起的弯矩 $M_{gk}=55\text{kN}\cdot\text{m}$，由楼面可变荷载标准值引起的弯矩 $M_{qk}=25\text{kN}\cdot\text{m}$，可变荷载组合值系数 $\psi_c=0.7$，结构安全等级为二级，设计使用年限为50年。试求按承载能力极限状态设计时梁的最大弯矩设计值 M。

2. 某钢筋混凝土矩形截面简支梁，截面尺寸 $b \times h = 200\text{mm} \times 500\text{mm}$，计算跨度 $l_0 = 5\text{m}$；梁上作用永久荷载标注值（不含自重）12kN/m，可变荷载标准值 10kN/m，可变荷载组合值系数 $\psi_c = 0.7$，梁的安全等级为二级，设计使用年限为 50 年。试求按承载能力极限状态设计时梁的最大弯矩设计值 M。

3. 计算跨径 $L = 15.5\text{m}$ 的钢筋混凝土简支梁，其跨中截面的弯矩标准值为：梁体自重产生的弯矩标准值 $M_{\text{G1k}} = 399.806\text{kN} \cdot \text{m}$；桥面铺装、栏杆、人行道等自重产生的弯矩标准值 $M_{\text{G2k}} = 302.715\text{kN} \cdot \text{m}$；汽车荷载产生的弯矩标准值（已计入冲击系数 $1 + \mu = 1.352$）$M_{\text{Q1k}} = 982.273\text{kN} \cdot \text{m}$；人群荷载产生的弯矩标准值 $M_{\text{Q2k}} = 21.014\text{kN} \cdot \text{m}$。试进行作用组合效应计算。

4. 某预应力钢筋混凝土简支梁，其支点截面的剪力标准值为：梁体自重产生的剪力标准值 $V_{\text{G1k}} = 275.71\text{kN}$；桥面铺装、栏杆、人行道等自重产生的剪力标准值 $V_{\text{G2k}} = 94.92\text{kN}$；汽车荷载产生的剪力标准值（已计入冲击系数 $1 + \mu = 1.1188$）$V_{\text{Q1k}} = 374.65\text{kN}$；人群荷载产生的剪力标准值 $V_{\text{Q2k}} = 16.34\text{kN}$。试进行作用组合效应计算。

2.3 建筑抗震设计基本原则

一、填空题

1. 地震按其产生的原因，主要有_____、_____、_____、_____。
2. 建筑抗震设防目标概括为：_____不坏、_____可修、_____不倒。
3. 地震震级相差一级，地面振幅相差约_____倍。
4. 地震的破坏作用三种表现形式：地表破坏、_____、次生灾害。
5. 地震发生时岩层断裂或错动产生振动的部位，称为_____。

二、单选题

1. 地震震级相差一级，地震能量相差约（　　）倍。
   A. 5　　　　　　　　　　　　　B. 10
   C. 20　　　　　　　　　　　　 D. 32
2. 建筑物的抗震设计根据其使用功能的重要性分为特殊设防类、重点设防类、标准设防类、适度设防类四个抗震设防类别。大量的建筑物属于（　　）。
   A. 特殊设防类　　　　　　　　 B. 重点设防类
   C. 标准设防类　　　　　　　　 D. 适度设防类
3. 按我国《抗震标准》设计的建筑，当遭受低于本地区设防烈度的多遇地震影响时，建筑物（　　）。
   A. 一般不受损坏或不需修理仍可继续使用
   B. 可能损坏，经一般修理或不需修理仍可继续使用
   C. 不发生危及生命的严重破坏
   D. 不致倒塌
4. 抗震设计时，对重点设防类建筑，应采用高于本地区抗震设防烈度（　　）度的要求加强其抗震措施。
   A. 1　　　　　　　　　　　　　B. 2
   C. 3　　　　　　　　　　　　　D. 0.5
5. 以下震源深度为浅源地震的是（　　）。
   A. 10km　　　　　　　　　　　 B. 100km
   C. 300km　　　　　　　　　　　D. 500km

三、判断题

1. 地震震级就是地震烈度。（　　）
2. 等震线是指在同一地震中，具有相同地震烈度地点的连线。（　　）
3. 同一结构单元不宜设置在性质截然不同的地基土上。（　　）
4. 震中区是指震源在地表的垂直投影点。（　　）
5. 抗震设防目标的第三水准是指当遭受高于本地区规定设防烈度的预估的罕遇地震影响时，建筑可能产生重大破坏，但不致倒塌或发生危及生命的严重破坏。（　　）

四、简答题

1. 什么是震级？什么是地震烈度？如何评定震级和烈度的大小？

2. 简述抗震设防烈度。

3. 简述震源深度。

4. 简述震中及震中距。

5. 什么是建筑抗震三水准设防目标？

教学单元2　建筑结构计算基本原则

教学单元3　混凝土基本构件

知识点小结

一、钢筋的品种

钢筋外形有光圆和带肋两种。带肋钢筋又分为等高肋和月牙肋。

二、钢筋的设计参数

1. 钢筋强度标准值
在结构设计中采用正常情况下可能出现的最小材料强度值作为基本代表值，该值称为材料强度标准值。
2. 钢筋强度设计值
材料强度设计值等于材料强度标准值除以材料分项系数。
3. 钢筋的弹性模量
钢筋的弹性模量是指在比例极限范围内应力与应变的比值，用 E_s 表示。

三、混凝土的强度

混凝土是混凝土结构中的主要受力材料，对混凝土结构的性能有重大影响。在工程中常用的混凝土强度有立方体抗压强度、轴心抗压强度、轴心抗拉强度等。其中立方体抗压强度是衡量混凝土强度大小的基本指标。

四、结构耐久性对混凝土质量的要求

1. 耐久性极限状态
表现为：钢筋混凝土构件表面出现锈胀裂缝；预应力筋开始锈蚀；结构表面混凝土出现可见的耐久性损伤（酥裂、粉化等）。
2. 影响混凝土结构耐久性的因素
结构的使用环境是影响混凝土结构耐久性的最重要的因素，属于外因。混凝土材料的质量属于内因，它主要包括混凝土的水胶比（即水与胶凝材料总量的比值）、强度等级、氯离子和碱含量等因素。

五、钢筋与混凝土共同工作的原因

钢筋和混凝土是两种物理力学性质不同的材料,在钢筋混凝土结构中之所以能够共同工作,主要有以下三方面原因:

(1) 钢筋表面与混凝土之间存在粘结作用。这种粘结作用由三部分组成:一是混凝土结硬时体积收缩,将钢筋紧紧握住而产生的摩擦力;二是由于钢筋表面凹凸不平而产生的机械咬合力;三是混凝土与钢筋接触表面间的胶结力。其中机械咬合力约占50%。

(2) 钢筋和混凝土的温度线膨胀系数几乎相同,在温度变化时,二者的变形基本相等,不致破坏钢筋混凝土结构的整体性。

(3) 钢筋被混凝土包裹着,从而使钢筋不会因大气的侵蚀而生锈变质。

上述三个原因中,钢筋表面与混凝土之间存在粘结作用是最主要的原因。因此,钢筋混凝土构件配筋的基本要求,就是要保证二者共同受力,共同变形。

六、钢筋的弯钩

为了增加钢筋在混凝土内的抗滑移能力和钢筋端部的锚固作用,绑扎钢筋骨架中的受拉光面钢筋末端应做弯钩。

七、钢筋的锚固

受力钢筋依靠其表面与混凝土的粘结作用或端部构造的挤压作用而达到设计承受应力所需的长度,称为锚固长度。

钢筋的锚固长度取决于钢筋强度及混凝土强度,并与钢筋外形有关。

八、钢筋的连接

钢筋的连接形式有绑扎搭接、焊接和机械连接。

九、钢筋混凝土受弯构件构造要求

1. 截面尺寸

(1) 民用建筑

梁、板截面高度 h 可根据计算跨度 l_0 估算。对独立简支梁,可取 $h = (1/12 \sim 1/8) l_0$;对独立连续梁,可取 $h = (1/14 \sim 1/8) l_0$;对独立悬臂梁,可取 $h = (1/6 \sim 1/5) l_0$;对现浇钢筋混凝土单向板,可取 $h \geq l_0/30$;对现浇钢筋混凝土双向板,可取 $h \geq l_0/40$。

梁的截面高度 h 拟定后,梁的截面宽度 b 可按工程经验估算。通常矩形截面梁 $b = (1/3.5 \sim 1/2) h$,T形截面梁 $b = (1/4 \sim 1/2.5) h$。

(2) 桥梁结构

空心板桥的顶板和底板厚度,均不应小于80mm。空心板的空洞端部应予填封。人行道板的厚度,就地浇筑的混凝土板不应小于80mm;预制混凝土板不应小于60mm。

矩形截面梁宽度 b 常取120mm、150mm、180mm、200mm、220mm和250mm。其后,当梁高 $h \leq 800$mm 时,按50mm一级增加;当梁高 $h > 800$mm 时,按100mm一级增加。矩形截面梁的高宽比 h/b 一般可取 $2.0 \sim 2.5$。

T形截面由翼缘板和腹板（梁肋）组成。截面伸出部分称为翼缘板，简称翼板，宽度为 b 的部分称为梁肋或腹板。腹板宽度 b 不应小于160mm，根据梁内主筋布置及抗剪要求而定。翼缘悬臂端厚度不应小于100mm；接近于梁肋处翼缘厚度不宜小于梁高 h 的1/10。截面高度 h 与跨径 l 之比（称高跨比），一般为 $h/l=1/16\sim 1/11$，跨径较大时，取用较小比值。

2. 配筋构造

（1）梁中通常配置纵向受拉钢筋、架立钢筋、箍筋、弯起钢筋等。

① 纵向受拉钢筋

纵向受拉钢筋配置在受拉区，主要用来承受由弯矩在梁内产生的拉力。梁中受拉钢筋的根数不应少于2根，最好不少于3～4根。纵向受力钢筋应尽量布置成一层。当一层排不下时，可布置成两层，但应尽量避免出现两层以上的受力钢筋。

② 架立钢筋

架立钢筋主要有两方面作用。一方面用来固定箍筋位置以形成梁的钢筋骨架；另一方面用来承受因温度变化和混凝土收缩而产生的拉应力，防止发生裂缝。

③ 箍筋

箍筋主要用来承受由剪力和弯矩在梁内引起的主拉应力，并通过绑扎或焊接把其他钢筋联系在一起，形成空间骨架。

④ 弯起钢筋

钢筋的弯起角度一般为45°，梁高 $h>800$mm 时可采用60°。

⑤ 纵向构造钢筋及拉筋

当民用建筑中梁的腹板高度 $h_w \geq 450$mm，桥梁结构中梁高大于1m 时，应在梁的两个侧面沿高度配置纵向构造钢筋（亦称腰筋），并用拉筋固定。

纵向构造钢筋的作用是，防止在梁的侧面产生垂直于梁轴线的收缩裂缝，同时也为了增强钢筋骨架的刚度，增强梁的抗扭作用。纵向构造钢筋端部一般不必做弯钩。

（2）板主要配置两种钢筋：受力钢筋和分布钢筋。

① 受力钢筋

梁式板的受力钢筋沿板的传力方向布置在截面受拉一侧，用来承受弯矩产生的拉力。民用建筑中规定：板的纵向受力钢筋的常用直径为6mm、8mm、10mm、12mm；桥梁结构中规定：板内受拉主钢筋的直径不应小于10mm（行车道板）和8mm（人行道板）。

② 分布钢筋

分布钢筋的作用主要有三个：固定受力钢筋的位置，形成钢筋网；将板上荷载有效地传到受力钢筋上去；防止温度或混凝土收缩等原因沿跨度方向的裂缝。

桥梁结构规定：单位长度上分布钢筋的截面面积不宜小于板截面面积的0.1%。行车道板内分布钢筋直径不应小于8mm，其间距不应大于200mm；人行道板内分布钢筋直径不应小于6mm，其间距不应大于200mm。在所有主钢筋的弯折处，均应设置分布钢筋。

3. 混凝土保护层厚度

最外层钢筋（包括纵向受力钢筋、箍筋、分布筋、构造筋等）外边缘至近侧混凝土表面的距离称为钢筋的混凝土保护层厚度，简称保护层厚度。

主要作用有三方面：一是保护钢筋不致锈蚀，保证结构的耐久性；二是保证钢筋与混凝土间的粘结；三是在火灾等情况下，避免钢筋过早软化。

4. 梁正截面受弯的三个阶段

第Ⅰ阶段为弹性工作阶段；

第Ⅱ阶段为带裂缝工作阶段；

第Ⅲ阶段为破坏阶段。

5. 单筋截面受弯构件正截面破坏形态

根据梁纵向受拉钢筋配筋率的不同，单筋截面受弯构件正截面受弯破坏形态有适筋破坏、超筋破坏和少筋破坏三种。

（1）适筋破坏

弯矩达到一定值时，纵向受拉钢筋的应力先达到屈服强度。之后，受拉钢筋的应力保持屈服强度不变，而应变迅速增大，直到受压边缘混凝土的压应变达到极限压应变，受压区混凝土被压碎而破坏。适筋破坏属于延性破坏。

（2）超筋破坏

超筋破坏始于受压区混凝土被压碎。由于纵向钢筋配置过多，当受压区混凝土达到极限压应变被压碎而宣告梁破坏时，纵向钢筋尚未屈服，属于脆性破坏。

（3）少筋破坏

这种破坏一旦出现裂缝，钢筋的应力就会迅速超过屈服强度而进入强化阶段，甚至被拉断。少筋破坏也属脆性破坏。

十、单筋矩形截面受弯构件

1. 截面设计

已知：弯矩设计值 M，混凝土强度等级，钢筋级别，构件截面尺寸 b、h。

求：所需受拉钢筋截面面积 A_s。

计算步骤如下：

（1）估算截面面积有效高度 h_0

$$h_0 = h - a_s$$

式中　h——梁的截面高度；

　　　a_s——受拉钢筋合力点到截面受拉边缘的距离。

在桥梁结构中，a_s 可按如下方法假设：对于绑扎钢筋骨架，一般在板中可假定 $a_s = c_{min} + 10\text{mm}$；在梁中，当考虑布置一排钢筋时，可假定 $a_s = c_{min} + 20\text{mm}$；当考虑布置两排钢筋时，可假定 $a_s = c_{min} + 45\text{mm}$。

（2）计算混凝土受压区高度 x，并判断是否属超筋梁

对于民用建筑，按下式判断：

$$x = h_0 - \sqrt{h_0^2 - \frac{2M}{\alpha_1 f_c b}}$$

对于桥梁结构，按下式判断：

$$x = h_0 - \sqrt{h_0^2 - \frac{2\gamma_0 M_d}{f_{cd} b}}$$

若 $x \leqslant \xi_b h_0$，则不属超筋梁。否则为超筋梁，应加大截面尺寸，或提高混凝土强度等

级，或改用双筋截面。

（3）计算钢筋截面面积 A_s，并判断是否属少筋梁

对于民用建筑，按下式计算：

$$A_s = \frac{\alpha_1 f_c b x}{f_y}$$

对于桥梁结构，按下式计算：

$$A_s = \frac{f_{cd} b x}{f_{sd}}$$

若 $A_s \geqslant \rho_{\min} b h_0$，则不属少筋梁。否则为少筋梁，应取 $A_s = \rho_{\min} b h_0$。

选配钢筋。

2. 截面复核

已知：构件截面尺寸 b、h，钢筋截面面积 A_s，混凝土强度等级，钢筋级别，弯矩设计值 M。

求：复核截面是否安全。

计算步骤如下：

（1）确定截面有效高度 h_0

$$a_s = \frac{\sum A_{si} a_i}{\sum A_{si}}$$

$$h_0 = h - a_s$$

（2）判断梁的类型

对于民用建筑，按下式计算：

$$x = \frac{f_y A_s}{\alpha_1 f_c b}$$

对于桥梁结构，按下式计算：

$$A_s = \frac{f_{cd} b x}{f_{sd}}$$

若 $A_s \geqslant \rho_{\min} b h_0$，且 $x \leqslant \xi_b h_0$，为适筋梁；

$x > \xi_b h_0$，为超筋梁；

$A_s < \rho_{\min} b h_0$，为少筋梁。

（3）计算截面受弯承载力 M_u

对于民用建筑，按下式计算

适筋梁： $$M_u = f_y A_s \left(h_0 - \frac{x}{2}\right)$$

超筋梁： $$M_u = M_{u,\max} = \alpha_1 f_c b h_0^2 \xi_b (1 - 0.5\xi_b)$$

对于桥梁结构，按下式计算：

适筋梁： $$M_u = f_{cd} b x \left(h_0 - \frac{x}{2}\right)$$

超筋梁： $$M_u = f_{cd} b h_0^2 \xi_b (1 - 0.5\xi_b)$$

（4）判断截面是否安全

若 $M \leqslant M_u$,则截面安全。但当 M 较 M_u 小很多时,截面不经济。

十一、双筋矩形截面受弯构件

双筋截面是指在受拉区配置纵向受拉钢筋的同时,在受压区也按计算配置一定数量的受压钢筋 A'_s,以协助受压区混凝土承担一部分压力的截面。

对于桥梁结构,经常使用双筋矩形截面受弯构件,其相关内容如下。

1. 双筋矩形截面适用情况

(1) 单筋矩形截面适筋梁,截面承受的弯矩组合设计值 M_d 较大,已超出其最大承载能力 M_u,而梁截面尺寸和混凝土强度等级受到使用条件限制不能改变,出现 $x > \xi_b h_0$。

(2) 构件承受异号弯矩作用,则必须采用双筋截面。

(3) 由于某些原因,在受压区已经配置一定数量的钢筋,为了充分利用材料,考虑按双筋截面设计。

2. 双筋矩形截面设计步骤

双筋截面受弯构件的截面设计,一般截面尺寸为已知。在截面设计中可能会遇到下面两种情况。

(1) 情况一

已知:截面尺寸 b、h,混凝土和钢筋强度等级,弯矩设计值 M_d,环境类别,安全等级。

求:所需受拉钢筋面积 A_s 和受压钢筋面积 A'_s。

步骤:

① 查表得已知量:f_{cd}、f_{sd}、f'_{sd}、ξ_b、γ_0。

② 假设 a_s 和 a'_s 得 $h_0 = h - a_s$。

③ 验算是否采用双筋截面。

当满足下式时,需采用双筋截面,否则仍按单筋截面设计。

$$M > M_u = f_{cd} b h_0^2 \xi_b (1 - 0.5\xi_b)$$

④ 补充条件求受压钢筋面积 A'_s。

对于普通钢筋可取 $\xi = \xi_b$,或者取 $x = \xi_b h_0$,然后利用 $\gamma_0 M_d \leqslant M_u = f_{cd} b x \left(h_0 - \dfrac{x}{2}\right) + f'_{sd} A'_s (h_0 - a'_s)$ 求得受压区所需钢筋面积 A'_s。

⑤ 求所需受拉钢筋面积 A_s。

将 $x = \xi_b h_0$ 及 A'_s 代入 $f_{cd} b x + f'_{sd} A'_s = f_{sd} A_s$ 可得受拉钢筋面积 A_s。

⑥ 查得实际的钢筋面积 A_s 和 A'_s(由钢筋的直径和根数确定),从而得到实际的 a_s 和 h_0。

⑦ 绘制配筋图。

(2) 情况二

已知:截面尺寸 b、h,混凝土和钢筋强度等级,受压钢筋面积 A'_s 及布置,弯矩设计值 M_d,环境类别,安全等级。

求:所需受拉钢筋面积 A_s。

步骤:

① 查表得已知量：f_{cd}、f_{sd}、f'_{sd}、ξ_b、γ_0。
② 假设 a_s 和 a'_s 得 $h_0 = h - a_s$。
③ 求 x。

将受压钢筋 A'_s 代入 $\gamma_0 M_d \leqslant M_u = f_{cd}bx\left(h_0 - \dfrac{x}{2}\right) + f'_{sd}A'_s(h_0 - a'_s)$ 可得 x。

④ 验算 x 并求所需受拉钢筋的面积 A_s。

若 $x \leqslant \xi_b h_0$ 且 $x \geqslant 2a'_s$，则满足要求，将 x 代入 $f_{cd}bx + f'_{sd}A'_s = f_{sd}A_s$ 可得受拉钢筋面积 A_s；

若 $x \leqslant \xi_b h_0$ 且 $x < 2a'_s$，则取 $x = 2a'_s$ 计算，由 $M_u = f_{sd}A_s(h_0 - a'_s)$ 可得受拉钢筋面积 A_s；

若 $x > \xi_b h_0$ 且 $x \geqslant 2a'_s$，说明原有受压钢筋 A'_s 不足，应按 A'_s 未知计算，即按情况一重新确定 A_s 和 A'_s。

⑤ 查得实际的钢筋面积 A_s（钢筋的直径和根数），从而得到实际的 a_s 和 h_0。
⑥ 绘制配筋图。

3. 双筋矩形截面复核

已知：截面尺寸 b、h，混凝土和钢筋强度等级，钢筋面积 A_s 和 A'_s 及截面钢筋布置，环境条件，安全等级。

求：截面承载力 M_u。

步骤：

① 查表得已知量：f_{cd}、f_{sd}、f_{td}、ξ_b、γ_0。
② 检验钢筋布置是否符合规范要求。

需检验的参数有：c、s_n。

③ 求受压区高度 x。

由 $f_{cd}bx + f'_{sd}A'_s = f_{sd}A_s$ 可解得 x。

④ 验算 x 并求截面承载力 M_u。

若 $x \leqslant \xi_b h_0$ 且 $x \geqslant 2a'_s$，则满足要求，将 x 代入 $\gamma_0 M_d \leqslant M_u = f_{cd}bx\left(h_0 - \dfrac{x}{2}\right) + f'_{sd}A'_s(h_0 - a'_s)$ 可得截面抗弯承载力 M_u。

若 $x \leqslant \xi_b h_0$ 且 $x < 2a'_s$，则取 $x = 2a'_s$ 计算，由 $M_u = f_{sd}A_s(h_0 - a'_s)$ 可得考虑受压钢筋部分作用的正截面承载力 M_u。

十二、单筋 T 形梁截面受弯构件

在民用建筑中，单筋 T 形梁截面受弯构件的截面设计步骤如图 1 所示。

在桥梁结构中，按照以下方法进行单筋 T 形梁截面受弯构件截面设计和截面复核。

（1）截面设计

已知：截面尺寸（包括 b、b'_f、h、h'_f），混凝土及钢筋强度等级，弯矩设计值 M_d，环境类别，安全等级。

求：所需受拉钢筋面积 A_s。

步骤：

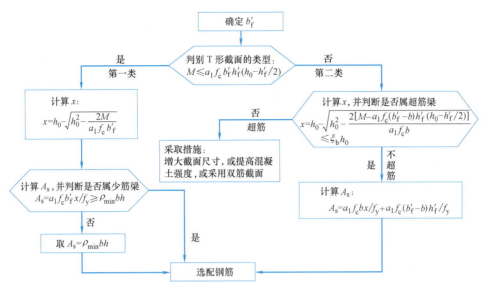

图1 民用建筑中单筋T形梁截面设计步骤

① 查表得已知量：f_{cd}、f_{sd}、f_{td}、ξ_b、γ_0。
② 假设 a_s 得 $h_0 = h - a_s$。
③ 判定 T 形截面类型。

当满足 $M \leqslant f_{cd} b'_f h'_f (h_0 - \dfrac{h'_f}{2})$ 时，属于第一类 T 形截面；当满足 $f_{cd} b'_f h'_f (h_0 - \dfrac{h'_f}{2})$ 时，属于第二类 T 形截面。

④ 计算钢筋截面面积。

若是第一类 T 形截面，由 $\gamma_0 M_d \leqslant M_u = f_{cd} b'_f x (h_0 - \dfrac{x}{2})$ 解得 x，并满足 $x \leqslant h'_f$，将 x 代入 $f_{cd} b'_f x = f_{sd} A_s$ 可得所需受拉钢筋面积 A_s。

若是第二类 T 形截面，由 $\gamma_0 M_d \leqslant M_u = f_{cd} bx (h_0 - \dfrac{x}{2}) + f_{cd}(b'_f - b) h'_f \left(h_0 - \dfrac{h'_f}{2}\right)$ 解得 x，并满足 $h'_f < x \leqslant \xi_b h_0$，将 x 代入 $f_{cd} bx + f_{cd} h'_f (b'_f - b) = f_{sd} A_s$ 可得所需受拉钢筋面积 A_s。

查得实际的钢筋面积 A_s（由钢筋的直径和根数确定），从而得到实际的 a_s 和 h_0。

若是第一类 T 形截面，需要验算 $\rho \geqslant \rho_{min}$ 是否满足；若是第二类 T 形截面，则不需要验算。

⑤ 绘制配筋图。

（2）截面复核

已知：截面尺寸（包括 b、b'_f、h、h'_f），混凝土和钢筋强度等级，受拉钢筋面积 A_s 及钢筋布置，环境类别，安全等级。

求：截面承载力 M_u 并判别安全性。

步骤：

① 查表得已知量：f_{cd}、f_{sd}、f_{td}、ξ_b、γ_0。
② 检验钢筋布置是否符合规范要求，需检验的参数有：c、s_n、$\rho \geqslant \rho_{min}$。
③ 判定 T 形截面类型。

当满足 $f_{cd}b_f'h_f' \geqslant f_{sd}A_s$ 时，属于第一类 T 形截面；当满足 $M \leqslant f_{cd}b_f'h_f'\left(h_0-\dfrac{h_f'}{2}\right)$ 时，属于第二类 T 形截面。

④ 复核截面承载力。

若是第一类 T 形截面时，由 $f_{cd}b_f'x=f_{sd}A_s$ 解得 x，并满足 $x \leqslant h_f'$，将 x 代入 $\gamma_0 M_d \leqslant M_u = f_{cd}b_f'x\left(h_0-\dfrac{x}{2}\right)$ 可得截面抗弯承载力 M_u 并应满足 $M_u \geqslant M$。

若是第二类 T 形截面时，由 $f_{cd}bx+f_{cd}h_f'(b_f'-b)=f_{sd}A_s$ 解得 x，并满足 $h_f' < x \leqslant \xi_b h_0$，将 x 代入 $\gamma_0 M_d \leqslant M_u = f_{cd}bx\left(h_0-\dfrac{x}{2}\right)+f_{cd}(b_f'-b)h_f'\left(h_0-\dfrac{h_f'}{2}\right)$ 可得截面抗弯承载力 M_u 并应满足 $M_u \geqslant M$。

十三、受弯构件斜截面受剪破坏形态

1. 斜截面破坏形态

根据箍筋数量和剪跨比的不同，受弯构件斜截面受剪破坏主要有斜拉破坏、剪压破坏和斜压破坏三种形态。

（1）斜拉破坏

当箍筋配置过少，且剪跨比较大（$\lambda \geqslant 3$）时，常发生斜拉破坏。其特点是一旦出现斜裂缝，与斜裂缝相交的箍筋应力立即达到屈服强度，使构件斜向拉裂为两部分而破坏。斜拉破坏的破坏过程急骤，具有很明显的脆性。

（2）剪压破坏

构件的箍筋适量，且剪跨比适中（$\lambda = 1 \sim 3$）时将发生剪压破坏。临近破坏时在剪弯段受拉区出现一条临界斜裂缝（即延伸较长和开展较大的斜裂缝），与临界斜裂缝相交的箍筋应力达到屈服强度，最后剪压区混凝土在正应力和剪应力共同作用下达到极限状态而压碎。剪压破坏没有明显预兆，属于脆性破坏。

（3）斜压破坏

当梁的箍筋配置过多过密或者梁的剪跨比较小（$\lambda < 1$）时，将主要发生斜压破坏。这种破坏是因梁的剪弯段腹部混凝土被一系列近乎平行的斜裂缝分割成许多倾斜的受压柱体，在正应力和剪应力共同作用下混凝土被压碎而导致的，破坏时箍筋应力尚未达到屈服强度。斜压破坏属脆性破坏。

2. 斜截面受剪承载力的计算位置

（1）支座边缘处的斜截面；
（2）弯起钢筋弯起点处的斜截面；
（3）受拉区箍筋截面面积或间距改变处的斜截面；
（4）腹板宽度改变处的截面。

3. 斜截面受剪承载力的计算步骤

已知：剪力设计值 V，截面尺寸，混凝土强度等级，箍筋级别，纵向受力钢筋的级别和数量。

求：腹筋数量。

计算步骤如下：

(1) 复核截面尺寸

在桥梁结构中，截面尺寸应满足：

$$\gamma_0 V_d \leqslant V_u = (0.51 \times 10^{-3}) \sqrt{f_{cu,k}} bh_0$$

否则应加大截面尺寸或提高混凝土强度等级。

(2) 确定是否需按计算配置箍筋

仅需要按照构造配置箍筋的条件如下。

在民用建筑中，应满足 $V \leqslant \alpha_{cv} f_t bh_0$。

在桥梁结构中，对于梁应满足 $\gamma_0 V_d \leqslant V_u = (0.5 \times 10^{-3}) \alpha_2 f_{td} bh_0$；对于板应满足 $\gamma_0 V_d \leqslant V_u = 1.25 \times (0.5 \times 10^{-3}) \alpha_2 f_{td} bh_0$。

按构造配置箍筋时，箍筋的直径、肢数、间距均按构造要求确定。当不满足按照构造配置箍筋的条件时，需按计算配置箍筋。

(3) 确定腹筋数量

腹筋有两种配置方案。一种是仅配箍筋，另一种是同时配置箍筋和弯起钢筋。

在民用建筑中，前者是常用的方案，后者一般只用于剪力较大且纵向受拉钢筋较多的情况。这里只介绍民用建筑中仅配箍筋时的计算方法，桥梁结构中的主梁多为预应力混凝土构件，一般不设普通弯起钢筋。

仅配箍筋时：

$$\frac{A_{sv}}{s} \geqslant \frac{V - \alpha_{cv} f_t bh_0}{f_{yv} h_0}$$

求出 $\dfrac{A_{sv}}{s}$ 的值后，即可根据构造要求选定箍筋肢数 n 和直径 d，然后求出间距 s，或者根据构造要求选定 n、s，然后求出 d。箍筋的间距和直径应满足构造要求。

对 $V > 0.7 f_t bh_0$ 的情况，尚须验算配箍率。

十四、受弯构件变形计算

研究表明，钢筋混凝土构件的截面刚度为一变量，其特点可归纳为：

(1) 随弯矩的增大而减小。这意味着，某一根梁的某一截面，当荷载变化而导致弯矩不同时，其弯曲刚度会随之变化，并且，即使在同一荷载作用下的等截面梁中，由于各个截面的弯矩不同，其弯曲刚度也会不同。

(2) 随纵向受拉钢筋配筋率的减小而减小。

(3) 荷载长期作用下，由于混凝土徐变的影响，梁的某个截面的刚度将随时间增长而降低。

此外，构件的截面形状和尺寸也会影响受弯构件刚度。

本部分民用建筑和桥梁结构的计算原理相同，但在具体实施中有些差异，故以下分别进行阐述。

1. 民用建筑

钢筋混凝土受弯构件出现裂缝后，在荷载短期作用下的截面弯曲刚度称为短期刚度。以下给出了矩形、T形、倒T形、I形截面钢筋混凝土受弯构件的短期刚度计算表达式。

（1）短期刚度

$$B_s = \frac{E_s A_s h_0^2}{1.15\psi + 0.2 + \dfrac{6\alpha_E \rho}{1+3.5\gamma'_f}}$$

$$\psi = 1.1 - 0.65 \frac{f_{tk}}{\rho_{te} \sigma_{sq}}$$

$$\rho_{te} = \frac{A_s}{A_{te}}$$

$$\sigma_{sq} = \frac{M_q}{0.87 h_0 A_s}$$

$$\gamma'_f = \frac{(b'_f - b) h'_f}{b h_0}$$

式中　E_s——受拉纵筋的弹性模量；

　　　A_s——受拉纵筋的截面面积；

　　　h_0——受弯构件截面有效高度；

　　　ψ——裂缝间纵向受拉钢筋应变不均匀系数，其物理意义是：反映裂缝间混凝土协助钢筋抗拉作用的程度；当计算出的 $\psi < 0.2$ 时，取 $\psi = 0.2$；当 $\psi > 1.0$ 时，取 $\psi = 1.0$；

　　　f_{tk}——混凝土轴心抗拉强度标准值；

　　　ρ_{te}——按截面的"有效受拉混凝土截面面积" A_{te} 计算的纵向受拉钢筋配筋率，当计算出的 $\rho_{te} < 0.01$ 时，取 $\rho_{te} = 0.01$；

　　　σ_{sq}——按荷载准永久组合计算的钢筋混凝土构件纵向受拉钢筋的应力；

　　　M_q——按荷载效应准永久组合计算的弯矩；

　　　α_E——钢筋弹性模量 E_s 与混凝土弹性模量 E_c 的比值，即 $\alpha_E = E_s / E_c$；

　　　ρ——纵向受拉钢筋配筋率；

　　　γ'_f——受压翼缘截面面积与腹板有效截面面积的比值，当 $h'_f > 0.2 h_0$ 时，取 $h'_f = 0.2 h_0$ 计算；当截面受压区为矩形时，$\gamma'_f = 0$。

（2）考虑荷载长期作用影响的刚度 B

实际工程中，总是有部分荷载长期作用在构件上，因此计算挠度时必须采用按荷载准永久组合并考虑荷载长期作用影响的刚度，以 B 表示。

$$B = \frac{B_s}{\theta}$$

式中　θ——考虑荷载长期作用对挠度增大的影响系数。对钢筋混凝土受弯构件，$\theta = 2.0 - 0.4 \rho' / \rho$。此处 ρ 为纵向受拉钢筋的配筋率，$\rho = \dfrac{A_s}{b h_0}$；$\rho'$ 为纵向受压钢筋的配筋率 $\rho' = \dfrac{A'_s}{b h_0}$。

对于翼缘位于受拉区的倒 T 形截面，θ 值应增大 20%。

（3）钢筋混凝土受弯构件的挠度验算

梁的弯曲刚度确定后，就可以根据材料力学公式计算其挠度。但需注意，公式中的弯曲刚度 EI 应以 B 代替，公式中的荷载应按荷载准永久组合取值，即：

$$f = \beta_f \frac{M_q l_0^2}{B}$$

式中　f——按"最小刚度原则"并采用长期刚度计算的挠度；

　　　β_f——与荷载形式和支承条件有关的系数。例如，简支梁承受均布荷载作用时 $\beta_f = 5/48$，简支梁承受跨中集中荷载作用时 $\beta_f = 1/12$，悬臂梁受杆端集中荷载作用时 $\beta_f = 1/3$，悬臂梁承受均布荷载作用时 $\beta_f = 1/4$。

（4）挠度验算的步骤

挠度验算是在承载力计算完成后进行的。此时，构件的截面尺寸、跨度、荷载、材料强度以及钢筋配置情况都是已知的，故挠度验算可按下述步骤进行：

① 计算荷载准永久组合下的弯矩 M_q；

② 计算短期刚度 B_s；

③ 计算考虑荷载长期作用影响的刚度 B；

④ 计算最大挠度 f，并判断挠度是否符合要求。

钢筋混凝土受弯构件的挠度应满足：

$$f \leq f_{\lim}$$

式中　$f_{\lim}$——钢筋混凝土受弯构件的挠度限值。

2. 桥梁结构

（1）计算开裂构件抗弯刚度

按下式计算开裂构件的抗弯刚度：

$$B = \frac{B_0}{\left(\dfrac{M_{cr}}{M_s}\right)^2 + \left[1 - \left(\dfrac{M_{cr}}{M_s}\right)^2\right]\dfrac{B_0}{B_{cr}}}$$

式中：$M_{cr} = \gamma f_{tk} W_0$；$\gamma = \dfrac{2S_0}{W_0}$。

（2）长期挠度计算

受弯构件在使用阶段的挠度应考虑作用（或荷载）长期效应的影响，即按作用频遇组合和给定的刚度计算的挠度值 f_s，再乘以挠度长期增长系数 η_θ，即 $f_l = \eta_\theta f_s$。挠度增长系数按下列规定取用：

① 当采用 C40 以下混凝土时，$\eta_\theta = 1.6$；

② 当采用 C40～C80 混凝土时，$\eta_\theta = 1.45 \sim 1.35$，中间强度等级可按直线内插取用。

（3）预拱度设置

钢筋混凝土受弯构件的预拱度可按下列规定设置：

① 当由作用频遇组合并考虑作用长期效应影响产生的长期挠度不超过计算跨径 L 的 1/1600 时，可不设预拱度。

② 当不符合上述规定时应设置预拱度，其值应按结构自重和 1/2 可变作用频遇值计

算的长期挠度值之和采用。

十五、受弯构件裂缝宽度计算

1. 影响裂缝宽度的主要因素

裂缝产生的主要原因包括以下几个方面：

① 纵筋的直径

当构件内受拉纵筋截面相同时，采用细而密的钢筋，则会增大钢筋表面积，因而使粘结力增大，裂缝宽度变小。

② 纵筋表面形状

带肋钢筋的粘结强度较光圆钢筋大得多，可减小裂缝宽度。

③ 纵向钢筋的应力

裂缝宽度与钢筋应力近似呈线性关系。

④ 纵筋配筋率

构件受拉区混凝土截面的纵筋配筋率越大，裂缝宽度越小。

⑤ 保护层厚度

保护层越厚，裂缝宽度越大。

2. 裂缝宽度验算

本部分民用建筑和桥梁结构的计算原理相同，但计算公式存在差异。

（1）民用建筑

① 计算 d_{eq}；

② 计算 ρ_{te}、σ_{sq}、ψ；

③ 计算 ω_{max}，并判断裂缝是否满足 $\omega_{max} \leqslant \omega_{lim}$。

（2）桥梁结构

公路桥规规定，矩形、T形和工字形截面的钢筋混凝土受弯构件，其最大裂缝宽度（mm）按下式计算：

$$w_{cr} = C_1 C_2 C_3 \frac{\sigma_{ss}}{E_s} \cdot \frac{c+d}{0.36+1.7\rho_{te}}$$

3. 减小裂缝宽度的措施

减小钢筋混凝土受弯构件裂缝宽度的方式主要包括以下几个方面：

① 增大钢筋截面面积；

② 在钢筋截面面积不变的情况下，采用较小直径的钢筋；

③ 采用变形钢筋；

④ 提高混凝土强度等级；

⑤ 增大构件截面尺寸；

⑥ 减小混凝土保护层厚度。

其中，减小钢筋直径是最有效的也是常用的措施，必要时可增大钢筋截面面积，其他措施的效果都不明显。需要注意的是，混凝土保护层厚度应同时考虑耐久性和减小裂缝宽度的要求。除结构对耐久性没有要求，而对表面裂缝造成的观瞻有严格要求外，不得为满足裂缝控制要求而减小混凝土保护层厚度。

十六、受压构件构造要求

1. 截面形式尺寸要求

钢筋混凝土受压构件通常采用方形或矩形截面。桥梁工程中圆形截面和箱形截面也较常见。

柱截面尺寸不宜过小,一般应符合 $l_0/h \leqslant 25$ 及 $l_0/b \leqslant 30$(l_0 为柱的计算长度,h 和 b 分别为截面的高度和宽度),且不宜小于 $250\text{mm} \times 250\text{mm}$。

2. 设置纵向受力钢筋的目的

① 协助混凝土承受压力,以减小构件尺寸;
② 承受可能的弯矩,以及混凝土收缩和温度变形引起的拉应力;
③ 防止构件突然的脆性破坏。

3. 受压构件中箍筋的作用

① 架立纵向钢筋,防止纵向钢筋压屈,从而提高柱的承载能力;
② 承担剪力和扭矩;
③ 与纵筋一起形成对芯部混凝土的围箍约束。

十七、轴心受压构件

1. 轴心受压构件按照长细比分类

按照长细比 l_0/b 的大小,轴心受压柱可分为短柱和长柱两类。对方形和矩形柱,当 $l_0/b \leqslant 8$ 时属于短柱,否则为长柱。其中 l_0 为柱的计算长度,b 为矩形截面的短边尺寸。

2. (民用建筑)普通箍筋柱正截面承载力的计算步骤

(1) 截面设计(图 2)

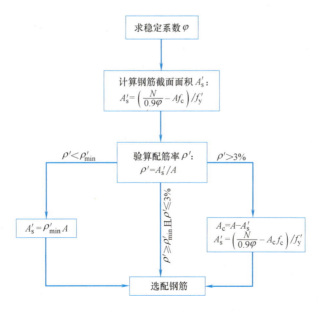

图 2 轴心受压构件截面设计步骤

（2）截面复核（图 3）

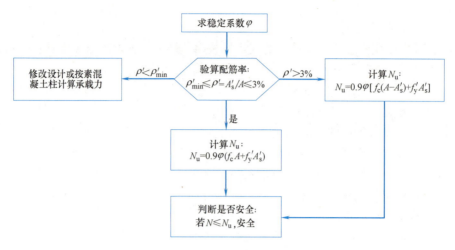

图 3　轴心受压构件截面复核步骤

以上流程图中引用的是民用建筑计算公式，对于桥梁工程中只是表示符号略微不同，但计算流程一样。

3.（桥梁工程）螺旋箍筋柱正截面承载力的计算步骤

（1）截面设计

已知：截面尺寸、计算长度、轴向压力设计值、材料等级和安全等级。

求：纵向钢筋截面面积 A'_s 和螺旋箍筋相关参数。

步骤：

① 计算长细比，检查是否可以设计成螺旋箍筋柱，并计算稳定系数 φ。

② 假设纵向钢筋的配筋率（$\rho' = A'_s/A_{cor}$）并计算纵向钢筋用量 A'_s。纵向钢筋的常用配筋率为 0.8%～1.2%。

③ 拟定箍筋强度等级和直径，计算箍筋间距 s，并要求箍筋间距 s 满足构造要求。

④ 绘制截面钢筋布置图。

（2）截面复核

已知：截面尺寸、计算长度、配筋情况、材料等级和轴向压力设计值。

求：截面承载力 N_u。

步骤：

① 检查相关构造是否满足要求，主要包括钢筋保护层厚度、净间距和最小配筋率。

② 由 $N_u = 0.9(f_{cd}A_{cor} + kf_{sd}A_{s0} + f'_{sd}A'_s)$ 计算承载力 N_u，并要求 $N_u \geqslant N = \gamma_0 N_d$。

③ 检验保护层混凝土是否会过早剥落。

十八、偏心受压构件

1. 偏心受压构件破坏特征

按照轴向力的偏心距和配筋情况的不同，偏心受压构件的破坏可分为受拉破坏和受压破坏两种情况。

(1) 受拉破坏

当轴向压力偏心距 e_0 较大，且受拉钢筋配置不太多时，构件发生受拉破坏。构件受轴向压力 N 后，离 N 较远一侧的截面受拉，另一侧截面受压。其破坏特征是，远离纵向力一侧的受拉钢筋先达到屈服强度，然后另一侧截面外边缘混凝土达到极限压应变被压碎而导致构件破坏。受拉破坏属于延性破坏。

(2) 受压破坏

当构件的轴向压力的偏心距 e_0 较小，或偏心距 e_0 虽然较大但配置的受拉钢筋过多时，将发生受压破坏。这种构件的破坏特征是，靠近纵向力 N 一侧的外边缘混凝土达到极限压应变被压碎，同时该侧的受压钢筋 A'_s 的应力也达到屈服强度，而远离 N 一侧的钢筋 A_s 可能受压，也可能受拉，但都未达到屈服强度。由于受压破坏通常在轴向压力偏心距 e_0 较小时发生，故习惯上也称为小偏心受压破坏。受压破坏无明显预兆，属脆性破坏。

2. 受拉破坏与受压破坏的界限

当 $\xi \leqslant \xi_b$ 时属大偏心受压破坏；

当 $\xi > \xi_b$ 时属小偏心受压破坏。

3. 非对称配筋矩形截面偏心受压构件正截面承载力计算基本公式

以下仅对桥梁工程中的非对称配筋矩形截面偏心受压构件正截面承载力计算基本公式进行介绍。

$$N_u = f_{cd}bx + f'_{sd}A'_s - \sigma_s A_s$$

$$N_u e_s = f_{cd}bx\left(h_0 - \frac{x}{2}\right) + f'_{sd}A'_s(h_0 - a'_s)$$

$$N_u e'_s = -f_{cd}bx\left(\frac{x}{2} - a'_s\right) + \sigma_s A_s(h_0 - a'_s)$$

式中：$e_s = \eta e_0 + h_0 - \frac{h}{2}$ 或者 $e_s = \eta e_0 + h_0 - a_s$；$e'_s = \eta e_0 + a'_s - \frac{h}{2}$。

(1) σ_s 的计算

应按照以下两种情况分别计算 σ_s：

① 大偏心受压

$$\sigma_s = f_{sd}$$

② 小偏心受压

$$\sigma_s = \varepsilon_{cu} E_s \left(\frac{\beta h_0}{x} - 1\right)$$

(2) η 的计算

公路桥规规定，计算偏心受压构件正截面承载力时，对于矩形截面，长细比 $l_0/h > 5$；对于圆形截面，长细比 $l_0/d > 4.4$；对于其他截面，长细比 $l_0/i > 17.5$ 时，应考虑构件在弯矩作用平面内的变形对轴向力偏心距的影响，此时应将轴向力对截面重心轴的偏心距 e_0 乘以偏心距增大系数 η。η 按照下式计算：

$$\eta = 1 + \frac{1}{1300(e_0/h_0)}\left(\frac{l_0}{h}\right)^2 \zeta_1 \zeta_2$$

式中：$\zeta_1 = 0.2 + 2.7\dfrac{e_0}{h_0} \leqslant 1.0$；$\zeta_2 = 1.15 - 0.01\dfrac{l_0}{h} \leqslant 1.0$。

4. 对称配筋矩形截面偏心受压构件正截面承载力计算基本公式

本部分民用建筑和桥梁结构有较大的差异，以下仅介绍民用建筑的相关公式，桥梁工程中矩形截面受压构件对称配筋和非对称配筋共用一套公式，在此不再赘述。

（1）大偏心受压

$$N = \alpha_1 f_c bx + f'_y A'_s - f_y A_s$$

$$Ne = \alpha_1 f_c bx \left(h_0 - \frac{x}{2}\right) + f'_y A'_s (h_0 - a'_s)$$

$$e = e_i + h/2 - a_s$$

$$e_i = e_0 + e_a$$

式中　N——轴向压力设计值；

x——混凝土受压区高度；

e——轴向压力作用点至纵向受拉钢筋合力点之间的距离；

e_i——初始偏心距；

e_0——轴向压力 N 对截面重心的偏心距，$e_0 = M/N$，当需要考虑二阶效应时，M 为考虑二阶效应影响后的弯矩设计值；

e_a——附加偏心距，取 20mm 和偏心方向截面最大尺寸 h 的 1/30 两者中的较大值；

a_s、a'_s——分别为纵向受拉钢筋、纵向受压钢筋合力作用点至截面近边缘的距离，截面设计时可近似按下列数值采用：混凝土强度等级≤C25 时取 45mm，否则取 40mm。

上述基本公式的适用条件如下：

$$\xi \leqslant \xi_b$$

$$x \geqslant 2a'_s$$

（2）小偏心受压

由静力平衡条件可得出小偏心受压构件承载力计算基本公式：

$$N = \alpha_1 f_c bx + f'_y A'_s - \sigma_s A_s$$

$$Ne = \alpha_1 f_c bx \left(h_0 - \frac{x}{2}\right) + f'_y A'_s (h_0 - a'_s)$$

$$\sigma_s = \frac{f_y}{\xi_b - \beta_1} (\xi - \beta_1)$$

式中　σ_s——远离纵向力一侧钢筋的应力，$\sigma_s < f_y$ 或 $\sigma_s < f'_y$；

β_1——等效矩形应力图受压区高度与中和轴高度的比值，当混凝土强度等级≤C50 时，$\beta_1 = 0.8$。

其余符号意义同前。

（3）考虑二阶效应影响的弯矩计算方法

当不满足以下公式时，需要考虑附加弯矩影响。

$$l_c / i \leqslant 34 - 12(M_1 / M_2)$$

此时，考虑轴向压力的二阶效应后控制截面的弯矩设计值 M 按下列公式计算：

$$M = C_m \eta_{ns} M_2$$

$$C_m = 0.7 + 0.3 \frac{M_1}{M_2}$$

$$\eta_{ns} = 1 + \frac{1}{1300\ (M_2/N + e_a)\ /h_0} \left(\frac{l_c}{h}\right)^2 \xi_c$$

$$\xi_c = \frac{0.5 f_c A}{N}$$

5. 对称配筋矩形截面偏心受压构件正截面承载力计算方法

（1）民用建筑

在民用建筑中，对称配筋矩形截面偏心受压构件正截面承载力计算步骤按图 4 进行。

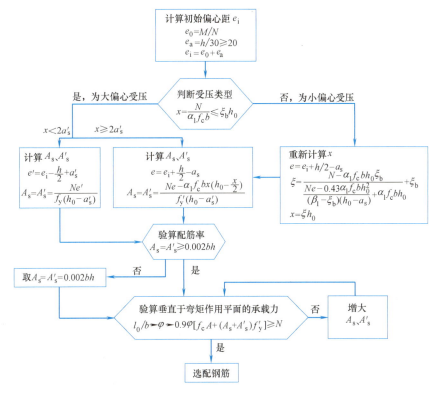

图 4　偏心受压构件截面设计步骤

需要注意的是：

若已知弯矩为未考虑轴向压力的二阶效应的柱端弯矩 M_1、M_2，则应先计算考虑轴向压力的二阶效应后控制截面的弯矩设计值 M。

轴向压力 N 较大且弯矩平面内的偏心距 e_i 较小，若垂直于弯矩平面的长细比 l_0/b 较大时，则有可能由垂直于弯矩作用平面的轴向压力起控制作用。

（2）桥梁工程

已知：截面尺寸（或者根据经验和以往设计资料确定）、构件的安全等级、轴向力设计值 N_d、弯矩设计值 M_d、材料的强度等级、构件的计算长度 l_0。

求：钢筋的截面面积 A_s（$A_s' = A_s$）。

步骤：

① 判别大小偏心受压构件

首先假设为大偏心受压,按下式计算 x:

$$x=\frac{N}{f_{cd}b}$$

当 $\xi=x/h_0 \leqslant \xi_b$ 时,截面按大偏心受压进行设计;当 $\xi > \xi_b$ 时,截面按照小偏心受压进行设计。

② 按大偏心受压进行计算（$\xi \leqslant \xi_b$）

当 $2a'_s \leqslant x \leqslant \xi_b h_0$ 时,利用下式计算 A_s 和 A'_s:

$$A_s=A'_s=\frac{Ne_s-f_{cd}bx(h_0-0.5x)}{f'_{sd}(h_0-a'_s)}$$

当 $x < 2a'_s$ 时,利用下式计算 A_s 和 A'_s:

$$A_s=A'_s=\frac{Ne'_s}{f_{sd}(h_0-a'_s)}$$

③ 按小偏心受压进行计算（$\xi > \xi_b$）

矩形截面对称配筋的小偏心受压构件截面相对受压区高度 ξ 按照下式计算:

$$\xi=\frac{N-f_{cd}bh_0\xi_b}{\dfrac{Ne_s-0.43f_{cd}bh_0^2}{(\beta-\xi_b)(h_0-a'_s)}+f_{cd}bh_0}+\xi_b$$

十九、轴心受拉构件的受力特点

轴心受拉构件开裂前,拉力由混凝土和钢筋共同承担。但由于混凝土抗拉强度很低,轴向拉力还很小时,构件即已裂通,混凝土退出工作,所有外力全部由钢筋承担。最后,因受拉钢筋屈服而导致构件破坏。

二十、偏心受拉构件的受力特点

按照轴向拉力 N 作用在截面上位置的不同,偏心受拉构件有两种破坏形态:小偏心受拉破坏和大偏心受拉破坏。

二十一、钢筋混凝土受拉构件的构造要求

与偏心受压构件一样,偏心受拉构件的配筋方式也有对称配筋和非对称配筋两种,常用对称配筋形式。受力钢筋沿截面周边均匀对称布置,并宜优先选择直径较小的钢筋。

轴心受拉及小偏心受拉构件的纵向受力钢筋不得采用绑扎搭接接头;大偏心受拉构件中,直径大于 25mm 的受拉钢筋和直径大于 28mm 的受压钢筋不宜采用绑扎搭接接头。

二十二、钢筋混凝土受扭构件

作用有扭矩的钢筋混凝土构件称为受扭构件。常见的受扭构件是弯矩、剪力和扭矩同时存在的构件。

钢筋混凝土受扭构件破坏形态分为少筋破坏、适筋破坏、部分超筋破坏和完全超筋破坏。适筋破坏是计算构件承载力的依据,而且钢筋强度能基本充分利用,破坏具有较好的塑性性质。设计时通过最小箍筋配筋率和最小纵筋配筋率防止少筋破坏,通过限制截面尺

寸防止超筋破坏。

同时受到剪力和扭矩作用的构件，其抗扭承载力和抗剪承载力都将有所降低，这就是剪力和扭矩的相关性。为了使抗扭纵筋和箍筋的应力在构件受扭破坏时均能达到屈服强度，纵筋与箍筋的配筋强度比值应满足条件 $0.6<\zeta<1.7$。实用计算中，将受弯所需要的纵筋与受扭所需要的纵筋分别计算，然后进行叠加；箍筋按受扭承载力和受剪承载力分别计算其用量，然后进行叠加；用承载力降低系数来考虑剪扭共同作用的影响。

二十三、预应力混凝土构件

预应力混凝土有效合理地采用了高强材料，减小了构件截面尺寸。减轻了构件的自重，大大提高了结构抗裂度，减小了裂缝宽度，提高了结构的刚度和耐久性，扩大了适用范围。

预加应力的方法常见的有先张法和后张法。先张法是通过钢筋与混凝土的粘结力来传递预压应力的，而且要有一定的传递长度，为了使受拉区混凝土尽快得到有效预压应力，减少钢筋的回弹，要对端部混凝土采取加强措施，以减小传递长度。后张法是依靠锚具传递预压应力，为了提高锚具下混凝土的局部抗压强度，防止锚具下混凝土局部压坏，所以必须对锚具下混凝土采取加强措施。

无粘结预应力混凝土可类似于普通混凝土构件进行施工，无粘结预应力钢筋可以像普通钢筋一样进行铺设，然后锚固，省去了传统的后张法部分施工程序，缩短了工期，故综合经济效果好。

在桥梁的维修加固中，还经常用到体外预应力。体外预应力是指对布置于承载结构主跨本体之外的钢束（体外束）张拉而产生的预应力，钢束仅将锚固区设置在结构本体内，转向块可设在结构体内或体外。与有粘结后张法预应力结构相比，体外预应力结构具有预应力钢筋布置灵活，在使用期间，可重复调整预应力值，更换预应力钢筋的优点。但是预应力钢筋的防火、防腐蚀以及防冲撞等措施较为复杂。

章节练习

3.1 混凝土结构材料

一、填空题

1. 钢筋按外形可分为_____和_____。
2. 钢材的两个重要的强度指标是_____和_____。
3. 无明显屈服点的钢材，是以其_____强度，作为设计的依据。
4. 混凝土最基本的力学指标是_____。

二、单选题

1. 在工程实践中，在常温下冷拉钢筋可以（   ）。
   A. 提高构件的抗冲击的韧性　　　　　　B. 改善钢筋的塑性
   C. 提高钢筋的屈服强度　　　　　　　　D. 提高冷弯性能

2. 下列钢筋不能作为预应力钢筋的是（   ）。
   A. 钢绞线   B. 预应力钢丝
   C. 光圆钢筋   D. 预应力螺纹钢筋

3. 钢筋按其生产工艺，机械性能与加工条件的不同分为热轧钢筋、钢绞线、钢丝和热处理钢筋。其中（   ）属于有明显屈服点的钢筋。
   A. 钢丝   B. 热处理钢筋
   C. 热轧钢筋   D. 钢绞线

4. 通过冷拔方法（   ）。
   A. 可以提高钢筋的抗拉和抗压强度，但降低了它的塑性
   B. 可以提高钢筋的抗拉强度而降低其塑性
   C. 可以提高钢筋的抗压强度而降低其塑性
   D. 可以提高钢筋的抗拉和抗压强度，且改善它的塑性

5. 《混凝土标准》规定钢筋的强度标准值应具有（   ）保证率。
   A. 90%   B. 85%
   C. 100%   D. 95%

6. 预应力钢筋可采用（   ）。
   A. RRB500   B. HRB400
   C. 预应力钢绞线   D. HPB300

7. 下列说法正确的是（   ）。
   A. $f_{cu}>f_t>f_c$ B. $f_{cu}>f_c>f_t$
   C. $f_c>f_{cu}>f_t$ D. $f_t>f_{cu}>f_c$

8. 我国《混凝土试验标准》采用（   ）作为确定混凝土等级的依据。
   A. 轴心抗压强度设计值   B. 立方体抗压强度设计值
   C. 立方体抗压强度标准值   D. 轴心抗压强度标准值

9. 我国《混凝土试验标准》测定混凝土立方体抗压强度的标准试块是（   ）。
   A. 150mm×150mm×300mm   B. 150mm×150mm×150mm
   C. 100mm×100mm×300mm   D. 100mm×100mm×500mm

10. 我国《混凝土试验标准》规定，混凝土的轴心抗压强度 f_c 是按标准方法制作的边长为（   ）的试件用标准方法测得的强度。
    A. 100mm×100mm×350mm   B. 100mm×100mm×450mm
    C. 150mm×150mm×150mm   D. 150mm×150mm×300mm

11. 如果混凝土的强度等级为C45，则以下说法正确的是（   ）。
    A. 立方体抗压强度标准值 $f_{cu,k}=45$MPa   B. 抗压强度设计值 $f_c=45$MPa
    C. 抗压强度标准值 $f_{ck}=45$MPa   D. 抗拉强度标准值 $f_{tk}=45$MPa

12. 对于混凝土各种强度标准值之间的关系，下列正确的是（   ）。
    A. $f_{tk}>f_{ck}>f_{cu,k}$ B. $f_{cu,k}>f_{tk}>f_{ck}$
    C. $f_{ck}>f_{cu,k}>f_{tk}$ D. $f_{cu,k}>f_{ck}>f_{tk}$

13. 混凝土若处于三向应力作用下，（   ）。
    A. 横向受压，纵向受拉，可提高抗压强度   B. 三向受压会提高抗压强度

C. 横向受拉，纵向受压，可提高抗压强度　　D. 三向受压会降低抗压强度

14. 复合受力下，混凝土抗压强度的次序为（　　）。
   A. $F_{c2} < F_{c1} < F_{c3}$　　　　　　　　B. $F_{c1} = F_{c2} = F_{c3}$
   C. $F_{c1} = F_{c2} < F_{c3}$　　　　　　　　D. $F_{c1} < F_{c2} = F_{c3}$

15. 钢筋混凝土结构当采用 HRB400 级钢筋时，混凝土强度等级不宜低于（　　）。
   A. C20　　　　　　　　　　　　　　B. C30
   C. C25　　　　　　　　　　　　　　D. C40

16. 预应力混凝土结构的混凝土强度等级不宜低于（　　）。
   A. C20　　　　　　　　　　　　　　B. C30
   C. C40　　　　　　　　　　　　　　D. C15

17. 对于承受重复荷载的钢筋混凝土构件，混凝土强度等级不应低于（　　）。
   A. C25　　　　　　　　　　　　　　B. C30
   C. C35　　　　　　　　　　　　　　D. C40

18. 关于材料强度设计值和标准值，下列说法正确的是（　　）。
   A. 材料强度设计值不小于其标准值　　B. 材料强度设计值小于其标准值
   C. 材料强度设计值等于其标准值　　　D. 材料强度设计值大于其标准值

19. 混凝土的弹性模量是指（　　）。
   A. 割线模量　　　　　　　　　　　　B. 原点弹性模量
   C. 切线模量　　　　　　　　　　　　D. 变形模量

20. 按《混凝土标准》规定，下列（　　）项属于一类环境类别。
   A. 非严寒和非寒冷地区的露天环境　　B. 海风环境
   C. 海水环境　　　　　　　　　　　　D. 室内干燥环境

21. 某钢筋混凝土框架结构位于海岸边，设计年限为 50 年，为满足混凝土耐久性的要求，按《混凝土标准》规定，其混凝土构件的强度等级不应低于（　　）。
   A. C35　　　　　　　　　　　　　　B. C40
   C. C25　　　　　　　　　　　　　　D. C45

三、多选题

1. 钢筋混凝土结构中的钢筋和预应力混凝土结构中的非预应力钢筋宜采用（　　）。
   A. 预应力钢丝　　　　　　　　　　　B. HPB300
   C. 预应力钢绞线　　　　　　　　　　D. HRB400

2. 下列热轧钢筋中，属于变形钢筋的有（　　）。
   A. HPB300　　　　　　　　　　　　　B. RRB400
   C. HRB400　　　　　　　　　　　　　D. HRB500

3. 下列说法正确的是（ ）。

A. 加载速度越快，测得的混凝土立方体抗压强度越高

B. 混凝土立方体试件比棱柱体试件能更好地反映混凝土的实际抗压情况

C. 混凝土试件与压力机垫板间的摩擦力使得混凝土的抗压强度提高

D. 棱柱体试件的高宽比越大，测得的抗压强度越高

4. 对于设计使用年限为 100 年的混凝土结构，为满足混凝土耐久性的要求，下列说法符合规范规定的是（ ）。

A. 混凝土中氯离子含量不应超过 0.06％

B. 表面采用有效防护处理，使用过程中可不用定期维护

C. 普通钢筋混凝土结构的混凝土强度等级不应低于 C30

D. 处于二、三类环境中时，应采用专门有效的措施

四、判断题

1. 钢材在低温下加工叫冷加工。（ ）

2. 应力集中的现象是对钢材有利的。（ ）

3. 混凝土在空气中和水中结硬时，体积会收缩。（ ）

4. 混凝土最基本的力学指标是立方体抗压强度。（ ）

五、简答题

1. 混凝土结构用热轧钢筋分为哪几级？主要用途是什么？

2. 混凝土的立方抗压强度是如何确定的？

3. 混凝土结构的使用环境分为几类？对一类环境中结构混凝土的耐久性要求有哪些？

3.2 钢筋与混凝土共同工作

一、单选题

1. 钢筋与混凝土这两种性质不同的材料能有效共同工作的主要原因是（　　）。
   A. 两者的弹性模量接近
   B. 两者的价格接近
   C. 两者温度线膨胀系数相等
   D. 两者之间在混凝土硬化后产生了良好的粘结力，且两者温度线膨胀系数接近

2. 当纵向受拉普通钢筋末端采用弯钩或机械锚固时，其包括弯钩或锚固端头在内的锚固长度取值为基本锚固长度 l_{ab} 的（　　）。
   A. 60%　　　　　　　　　　　B. 70%
   C. 50%　　　　　　　　　　　D. 80%

3. 混凝土结构中的纵向受压钢筋，计算中需充分利用其抗压强度时，锚固长度不应小于相应受拉锚固长度 l_a 的（　　）。
   A. 50%　　　　　　　　　　　B. 70%
   C. 90%　　　　　　　　　　　D. 60%

4. 当采用C30混凝土和HRB400级钢筋时，纵向受拉钢筋的最小锚固长度为（　　）。
   A. 35d　　　　　　　　　　　B. 31d
   C. 40d　　　　　　　　　　　D. 45d

5. 混凝土为C30（$f_t=1.43$MPa），钢筋为直径20mm的HRB400（$f_y=360$MPa），则受拉钢筋的基本锚固长度 l_{ab} 不应小于（　　）。
   A. 460mm　　　　　　　　　　B. 705mm
   C. 635mm　　　　　　　　　　D. 880mm

6. 有关受拉钢筋的锚固长度，下列说法正确的是（　　）。
   A. 钢筋直径增大，锚固长度减小
   B. 钢筋等级提高，锚固长度增大
   C. 混凝土强度等级提高，锚固长度增大
   D. 条件相同，光面钢筋的锚固长度小于变形钢筋

7. 某HRB500受拉钢筋，锚固时，其锚固钢筋外形系数 $α$ 取值为（　　）。
   A. 0.16　　　　　　　　　　　B. 0.17
   C. 0.13　　　　　　　　　　　D. 0.14

8. 钢筋混凝土构件中 HPB300 级钢筋端头做成弯钩形式是为了（　　）。
   A. 承担混凝土因收缩而产生的应力　　B. 提高构件的抗弯承载能力
   C. 施工方便　　D. 增加混凝土与钢筋的粘结

9. 受压钢筋绑扎搭接的搭接长度任何时候都不应小于（　　）。
   A. 200mm　　B. 250mm
   C. 300mm　　D. 350mm

10. 下列说法正确的是（　　）。
    A. 在受压构件中，纵向受压钢筋绑扎搭接的搭接长度不应小于纵向受拉钢筋的 0.7 倍，且在任何情况下不应小于 200mm
    B. 在受压构件中，当受拉钢筋的直径 $d>25$mm，不宜采用绑扎搭接
    C. 在受压构件中，受力钢筋的接头宜设在受力较小处，同一根钢筋上的接头数量没有限制
    D. 在受压构件中，当受压钢筋的直径 $d>28$mm，不宜采用焊接搭接

11. 纵向受拉钢筋绑扎搭接接头的搭接长度 l_l 应按规范规定公式计算，且在任何情况下均不应小于（　　）。
    A. 200mm　　B. 350mm
    C. 400mm　　D. 300mm

12. 纵向受压钢筋采用绑扎搭接时，其接头的搭接长度不应小于受拉钢筋搭接长度 l_l 的（　　）倍，且在任何情况下均不应小于 200mm。
    A. 0.5　　B. 0.7
    C. 0.6　　D. 0.8

13. 钢筋绑扎搭接接头连接区段长度为（　　）倍搭接长度 l_l。
    A. 1.2　　B. 1.5
    C. 1.7　　D. 1.3

二、多选题

1. 钢筋和混凝土两种材料能共同工作的原因包括（　　）。
   A. 二者的线膨胀系数相近　　B. 混凝土对钢筋的防锈作用
   C. 粘结力的存在　　D. 钢筋的抗拉强度大

2. 钢筋与混凝土之间的粘结应力主要由（　　）组成。
   A. 咬合力　　B. 锚固力
   C. 摩阻力　　D. 胶结力

3. 影响钢筋与混凝土粘结强度的因素主要有（　　）。
   A. 混凝土的强度　　B. 钢筋的强度
   C. 保护层厚度　　D. 钢筋的直径

4. 钢筋的基本锚固长度与下列哪些因素有关？（　　）
   A. 钢筋的级别　　B. 混凝土强度等级
   C. 钢筋的外形　　D. 钢筋的直径
   E. 钢筋是否受扰动　　F. 钢筋是否有环氧树脂涂层

G. 钢筋直径是否大于25mm

5. 有关钢筋锚固长度的修正系数 ξ_a，下列说法正确的是（　　）。
   A. 对于环氧树脂涂层带肋钢筋，ξ_a 取值为1.25
   B. 剪力墙采用滑模施工，其钢筋锚固长度修正系数 ξ_a 取值为1.15
   C. 锚固钢筋的保护层厚度为4倍钢筋直径时，ξ_a 取值为0.75
   D. 直径为28mm的HRB400钢筋，其锚固长度修正系数 ξ_a 取值为1.1

6. 钢筋的连接方式有（　　）。
   A. 螺栓连接　　　　　　　　　　B. 绑扎搭接
   C. 铆钉连接　　　　　　　　　　D. 焊接
   E. 机械连接

7. 有关钢筋的连接接头，下列说法正确的是（　　）。
   A. 焊接接头质量好，且节约钢材
   B. 直径大于28mm的纵向受拉钢筋不宜采用绑扎搭接接头
   C. 机械连接接头性能可靠，节省钢材，操作简单
   D. 绑扎搭接接头不得用于轴心受拉杆件的纵向受力钢筋

8. 位于同一连接区段内纵向受拉钢筋的搭接钢筋面积百分率，下列说法正确的是（　　）。
   A. 板类构件，不宜大于25%　　　　B. 梁类构件，不宜大于25%
   C. 墙类构件，不宜大于50%　　　　D. 柱类构件，不宜大于50%

9. 有关纵向受拉钢筋焊接接头，下列说法正确的是（　　）。
   A. 同一连接区段内纵向受拉钢筋的焊接接头面积百分率不宜大于50%
   B. 钢筋焊接接头连接区段长度为连接钢筋较小直径的30倍，且不小于500mm
   C. 相邻纵向受力钢筋接头宜相互错开
   D. 纵向受压钢筋的焊接接头面积百分率可不受限制

10. 有关纵向受拉钢筋机械连接接头，下列说法正确的是（　　）。
    A. 直接承受动荷载构件，同一连接区段内，钢筋机械连接面积百分率不应大于50%
    B. 我国目前常用的机械连接方法是套筒挤压接头及锥螺纹接头
    C. 同一连接区段内纵向受压钢筋机械连接面积百分率不应大于50%
    D. 同一连接区段内纵向受压钢筋机械连接面积百分率不宜大于50%

11. 有关纵向受拉钢筋的搭接长度修正系数 ξ_l，下列说法正确的是（　　）。
    A. 同一连接区段内搭接钢筋面积百分率≤100%时，ξ_l 取值为1.6
    B. 同一连接区段内搭接钢筋面积百分率≤25%时，ξ_l 取值为1.2
    C. 同一连接区段内搭接钢筋面积百分率≤75%时，ξ_l 取值为1.45
    D. 同一连接区段内搭接钢筋面积百分率≤50%时，ξ_l 取值为1.4

12. 在梁、柱内构件的纵向受力钢筋搭接长度范围内应配置箍筋等横向构造钢筋，下列说法符合规范要求的是（　　）。
    A. 对于墙、板构件，横向钢筋间距不大于10倍较小搭接钢筋直径，且不应大于200mm
    B. 对于直径大于25mm的受压钢筋，应在两个搭接端头外100mm范围内至少各配置

2 道箍筋

C. 横向钢筋直径不应小于搭接钢筋较小直径的 1/4

D. 对于梁、柱构件，横向钢筋间距不大于 5 倍较小搭接钢筋直径，且不应大于 100mm

三、判断题

1. 对于带肋钢筋，其与混凝土的锚固作用中占主导因素的是钢筋和混凝土的咬合力。（ ）
2. 光面钢筋端部设置弯钩的目的是增加钢筋和混凝土之间的粘结力。（ ）
3. 经修正后受拉钢筋的锚固长度不应小于计算值的 0.6 倍，且不应小于 200mm。（ ）
4. 经修正后受拉钢筋的锚固长度不应小于计算值的 0.6 倍，且不应小于 250mm。（ ）
5. 当计算中充分利用钢筋的抗压强度时，其锚固长度不应小于相应受拉钢筋锚固长度的 0.6 倍。（ ）
6. 钢筋的连接方式有螺栓连接、焊接和机械连接。（ ）
7. 钢筋的连接方式有绑扎搭接、焊接和机械连接。（ ）
8. 受力钢筋的接头宜设置在受力较小部位，同一根钢筋上宜少设接头。（ ）
9. 受力钢筋的接头宜设置在受力较小部位，同一根钢筋上接头不受限制。（ ）
10. 轴心受拉及小偏心受拉构件的纵向受力钢筋不得采用绑扎搭接接头。（ ）
11. 轴心受拉及小偏心受拉构件的纵向受力钢筋不宜采用绑扎搭接接头。（ ）
12. 直径大于 25mm 的受拉钢筋不宜采用绑扎搭接接头。（ ）
13. 直径大于 28mm 的受压钢筋不宜采用绑扎搭接接头。（ ）
14. 直径大于 25mm 的受拉钢筋不得采用绑扎搭接接头。（ ）

3.3　钢筋混凝土受弯构件

3.3.1　受弯构件正截面承载力计算

一、填空题

1. 适筋梁从开始加载到完全破坏，其应力变化经历了三个阶段，其中第_____阶段的应力状态是抗裂验算的依据，第_____阶段的应力状态是裂缝宽度及变形验算的依据，第_____阶段的应力状态是承载力计算的依据。
2. 在民用建筑中，当梁的腹板高度 $h_w \geqslant$ _____ mm 时，应在梁的两个侧面沿高度配置纵向构造钢筋，构造钢筋的间距 $\leqslant$ _____ mm。
3. 梁根据纵向钢筋配筋率的不同，分为_____、_____和_____三种类型。
4. 受弯构件斜截面的三种破坏形式为_____、_____、_____。
5. 钢筋的连接方式有_____、_____、_____三种。
6. 梁板的截面尺寸必须满足_____、_____和_____要求，同时还应满足要求，以利于模板定型化。

7. 梁的上部受力钢筋必须有足够的净距，其净距不小于_____ d（钢筋直径）且不小于_____ mm。

8. 提高受弯构件正截面受弯能力最有效的方法是_____。

9. 当 T 形截面梁的翼缘位于受拉区时，应该按宽度为 b（梁肋宽）的_____截面计算。

二、单选题

1. 关于架立筋，下列说法错误的是（ ）。
   A. 架立筋与箍筋一起构成钢筋骨架
   B. 架立筋可起到抵抗梁产生裂缝的作用
   C. 架立筋直径的选用与梁的跨度无关
   D. 有时受压钢筋可兼作架立筋

2. 钢筋混凝土梁中，架立筋按（ ）配置。
   A. 正截面承载力计算   B. 斜截面承载力计算
   C. 受扭承载力计算   D. 构造要求

3. 某民用建筑中架立钢筋的直径为 12mm，当其与受力钢筋搭接时，搭接长度不应小于（ ）。
   A. 200mm   B. 150mm
   C. 120mm   D. 100mm

4. 民用建筑中某梁的跨度大于 6m 时，其架立钢筋的直径不小于（ ）。
   A. 12mm   B. 10mm
   C. 8mm   D. 6mm

5. 为统一模板尺寸，方便施工，当梁的高度大于（ ）时，以 100mm 为模数。
   A. 800mm   B. 700mm
   C. 600mm   D. 500mm

6. 民用建筑中现浇板的厚度一般取（ ）的倍数。
   A. 50mm   B. 20mm
   C. 30mm   D. 10mm

7. 民用建筑中现浇钢筋混凝土独立悬臂板的板厚一般取计算跨度 l_0 的（ ）。
   A. 1/4～1/3   B. 1/6～1/5
   C. 1/8～1/6   D. 1/10～1/8

8. 民用建筑的钢筋混凝土现浇单向板的厚度一般不宜小于（ ）。
   A. 80mm   B. 70mm
   C. 60mm   D. 50mm

9. 民用建筑的钢筋混凝土现浇双向板的厚度一般不宜小于（ ）。
   A. 100mm   B. 80mm
   C. 70mm   D. 60mm

10. 民用建筑中梁的纵向受拉钢筋的常用直径为（ ），一般不宜超过 28mm。
    A. 12～32mm   B. 12～25mm

C. 12~20mm D. 10~20mm

11. 民用建筑中梁的纵向受力钢筋，当梁高 h≥300mm 时，其直径不应小于（   ）。
   A. 12mm B. 10mm
   C. 8mm D. 6mm

12. 梁中纵向受拉钢筋的根数不应少于（   ）。
   A. 3根 B. 4根
   C. 2根 D. 1根

13. 梁上部纵向受力钢筋净距应满足（   ）。
   A. $s≥30$mm 及 $s≥d$ B. $s≥30$mm 及 $s≥1.5d$
   C. $s≥25$mm 及 $s≥1.0d$ D. $s≥25$mm 及 $s≥1.5d$

14. 为解决粗钢筋及配筋密集引起设计及施工困难的问题，在梁的配筋密集区域可采用并筋的形式，对于直径 28mm 及以下的钢筋并筋数量不应超过（   ）。
   A. 5根 B. 4根
   C. 3根 D. 2根

15. 纵向受力钢筋尽量布置成（   ）。
   A. 1层 B. 2层
   C. 3层 D. 4层

16. 钢筋弯起的角度一般为 45°，当梁高 h≥800mm 时弯起角度可采用（   ）。
   A. 70° B. 60°
   C. 55° D. 50°

17. 民用建筑中梁的宽度 b≤400mm，且其一层内的纵向受压钢筋多于（   ）时，应采用复合箍筋。
   A. 6根 B. 5根
   C. 4根 D. 3根

18. 民用建筑中梁高 h>800mm 时，其箍筋的最小直径不应小于（   ）。
   A. 12mm B. 10mm
   C. 8mm D. 6mm

19. 拉筋直径一般与箍筋相同，间距常取为箍筋间距的（   ）。
   A. 1倍 B. 0.5倍
   C. 2倍 D. 3倍

20. 民用建筑中梁的腹板高度 h_w≥（   ）时，在梁的两个侧面应沿高度配纵向构造筋（俗称腰筋）。
   A. 600mm B. 500mm
   C. 450mm D. 400mm

21. 梁的混凝土保护层厚度指（   ）。
   A. 纵向受力钢筋外边缘至混凝土表面的距离
   B. 箍筋外边缘至混凝土表面的距离
   C. 钢筋内边缘至混凝土表面的距离
   D. 纵向受力钢筋重心至混凝土表面的距离

22. 某民用钢筋混凝土结构建筑的环境类别为二 b 类，设计使用年限为 50 年，则混凝土强度等级≤C25 的梁，纵向受力钢筋的混凝土保护层最小厚度为（　　）。
   A. 35mm   B. 25mm
   C. 20mm   D. 15mm
23. 某民用钢筋混凝土结构建筑的环境类别为一类，设计使用年限为 100 年，则混凝土强度等级≤C25 的梁，纵向受力钢筋的混凝土保护层最小厚度为（　　）。
   A. 35mm   B. 28mm
   C. 25mm   D. 20mm
24. 钢筋混凝土少筋梁的破坏特征是（　　）。
   A. 受拉钢筋屈服的同时，受压区混凝土被压碎
   B. 梁破坏时，受拉钢筋没有屈服，且没有明显预兆
   C. 梁出现明显主裂缝，被一分为二
   D. 梁破坏时，受拉钢筋屈服，且有明显的预兆
25. 适筋梁最主要的破坏特征是破坏截面上（　　）。
   A. 压区混凝土先压碎，然后受拉钢筋屈服
   B. 受拉钢筋不屈服，受压区混凝土被压碎
   C. 受拉钢筋先屈服，然后受压区混凝土被压碎
   D. 受拉钢筋屈服的同时，受压区混凝土被压碎
26. 钢筋混凝土超筋梁的破坏特征是（　　）。
   A. 受拉钢筋屈服的同时，受压区混凝土被压碎
   B. 梁破坏时，受拉钢筋没有屈服，且没有明显预兆
   C. 梁出现明显主裂缝，被一分为二
   D. 梁破坏时，受拉钢筋屈服，且有明显的预兆
27. 构件受弯过程中，混凝土被压碎，钢筋未屈服，该梁属于（　　）。
   A. 适筋梁   B. 少筋梁
   C. 超筋梁   D. 无筋梁
28. 钢筋混凝土超筋梁的破坏形态属于（　　）。
   A. 界限破坏   B. 脆性破坏
   C. 塑性破坏   D. A、B 形式均有可能
29. 构件受弯过程中，钢筋先发生屈服，混凝土才被压碎破坏，该梁属于（　　）。
   A. 适筋梁   B. 少筋梁
   C. 超筋梁   D. 无筋梁
30. 适量配筋的钢筋混凝土梁与素混凝土梁相比，对于其承载力和抵抗开裂的能力，下列说法正确的是（　　）。
   A. 均提高很多   B. 承载力提高很多，抗裂提高不多
   C. 均提高不多   D. 承载力提高不多，抗裂提高很多
31. 钢筋混凝土板受力钢筋的间距不应小于（　　）。
   A. 100mm   B. 80mm
   C. 70mm   D. 60mm

32. 现浇钢筋混凝土板分布钢筋间距一般不宜大于（   ）。
   A. 350mm   B. 300mm
   C. 250mm   D. 200mm

33. 板的受力钢筋间距，当板厚 $h \leqslant 150$mm 时，不应大于（   ）。
   A. 200mm   B. 200mm
   C. 150mm   D. 100mm

34. 板中分布钢筋的作用，说法错误的是（   ）。
   A. 将板上的荷载均匀地传给受力钢筋
   B. 抵抗因混凝土收缩及温度变化而产生的拉应力
   C. 固定受力钢筋的正确位置
   D. 承担板中弯矩作用产生的拉力

35. 在推导正截面承载力计算公式时，假定受弯构件满足平截面假定，其主要作用是（   ）。
   A. 确定截面破坏时钢筋的应力
   B. 确定截面破坏时混凝土的压应变
   C. 确定界限破坏时的相对受压区高度
   D. 确定截面破坏时等效矩形应力图形的高度

36. 适筋梁正截面承载力计算的依据是（   ）。
   A. 第Ⅲa阶段的应力状态   B. 第Ⅱa阶段的应力状态
   C. 第Ⅱ阶段的应力状态   D. 第Ⅰa阶段的应力状态

37. 计算正截面受弯承载力时，不考虑受拉区混凝土的作用，这是由于（   ）。
   A. 中和轴以下小范围未裂的混凝土作用相对很小
   B. 受拉区混凝土面积较小
   C. 受拉区混凝土早已开裂
   D. 混凝土抗拉强度低

38. 钢筋混凝土受弯构件，截面尺寸和材料强度一定时，关于其正截面承载力与拉区纵向受力钢筋配筋率的关系，下列说法正确的是（   ）。
   A. 配筋率 ρ 越大，正截面承载力越大
   B. 配筋率 ρ 越小，正截面承载力越小
   C. 如果配筋率 ρ 在合适的范围内，配筋率越大，正截面承载力越大
   D. 配筋率大小和正截面承载力大小没有关系

39. 单筋矩形截面梁有效高度 h_0 是指（   ）。
   A. 箍筋内表面至截面受压边缘的距离
   B. 箍筋外表面至截面受压边缘的距离
   C. 受力钢筋合力点至截面受压边缘的距离
   D. 受力钢筋内表面至截面受压边缘的距离

40. 单筋矩形截面梁的截面最小配筋率 $\rho_{\min}$ 是根据（   ）计算所得。
   A. 截面的屈服弯矩 M_y B. 截面的极限弯矩 M_u
   C. 截面的开裂弯矩 M_{cr} D. 以上三种都有可能

41. 配筋适量的钢筋混凝土梁，受拉钢筋屈服后其正截面承载力将（   ）。
    A. 维持不变   B. 有所增加
    C. 有所降低   D. 三种可能都有

42. 受弯构件要求将梁的纵向受力钢筋的配筋率控制在（   ）。
    A. 少筋梁范围   B. 超筋梁范围
    C. 适筋梁范围   D. <0.2%范围

43. 单筋矩形截面梁验算是否为少筋梁时，其最小配筋量应为 $\rho_{min} \times$（   ）计算所得的配筋面积。
    A. 有效截面面积   B. 净截面面积
    C. 全截面面积   D. 拉区截面面积

44. 对于单筋矩形截面梁，判断不属于超筋梁时，应满足下列（   ）项。
    A. $\xi < \xi_b$ B. $\xi \leq \xi_b$
    C. $\xi \geq \xi_b$ D. $\xi > \xi_b$

45. 混凝土强度等级≤C50的受弯构件，其相对界限受压区高度 ξ_b 的取值大小随（   ）的改变而改变。
    A. 钢筋的品种和级别   B. 构件截面宽度
    C. 构件截面高度   D. 混凝土的强度等级

46. 仅配筋不同的梁（1. 少筋；2. 适筋；3. 超筋）的相对受压区高度系数 ξ 满足（   ）。
    A. $\xi_1 = \xi_2 > \xi_3$ B. $\xi_1 > \xi_2 = \xi_3$
    C. $\xi_3 > \xi_2 > \xi_1$ D. $\xi_1 = \xi_2 = \xi_3$

47. 当单筋矩形截面梁进行正截面受弯承载力复核时，若出现超筋的情况，则计算其正截面受弯承载力 M_u 时压区高度 x 应取（   ）。
    A. $x = \xi h$ B. $x = \xi_b h$
    C. $x = \xi_b h_0$ B. $x = \xi h_0$

48. 在超筋范围内，加大受拉钢筋配筋率，截面抗弯能力（   ）。
    A. 可能增加，也可能减小 B. 相应减小
    C. 相应增大   D. 并不增加

49. 当梁的受拉区纵向受力钢筋一排能排下时，改成两排后正截面受弯承载力将会（   ）。
    A. 没有变化   B. 有所减少
    C. 有所增加   C. 三种可能都有

50. 对于钢筋混凝土单筋矩形截面梁中的架立筋，在计算时（   ）。
    A. 考虑架立筋的抗扭作用 B. 应考虑架立筋的抗拉作用
    C. 考虑架立筋的抗压作用 D. 不考虑架立筋的作用

51. 提高受弯构件正截面受弯能力最有效的方法是（   ）。
    A. 增加截面高度   B. 增加截面宽度
    C. 提高混凝土强度等级   D. 提高钢筋等级

52. 第一类T形截面受弯构件的受压区形状是（   ）。
    A. 翼缘高度内矩形   B. 翼缘高度外矩形

C. 翼缘高度内 T 形　　　　　　　　　　D. 翼缘高度外 T 形

53. 在 T 形截面梁的正截面承载力计算中，假定在受压区翼缘计算宽度范围内混凝土的压应力分布是（　　）。

A. 按抛物线形分布　　　　　　　　　　B. 按梯形分布
C. 均匀分布　　　　　　　　　　　　　D. 按三角形分布

54. 受弯构件正截面承载力中，T 形截面划分为两类的依据是（　　）。

A. 计算公式建立的基本原理不同　　　　B. 破坏形态不同
C. 受拉区截面形状不同　　　　　　　　D. 混凝土受压区的形状不同

55. 在截面设计时，满足下列条件（　　）则为第二类 T 形截面。

A. $M \leqslant \alpha_1 f_c b'_f h'_f (h_0 - 0.5 h'_f)$　　　　B. $M > \alpha_1 f_c b'_f h'_f (h_0 - 0.5 h'_f)$
C. $f_y A_s \geqslant \alpha_1 f_c b'_f h'_f$　　　　　　　　D. $f_y A_s \leqslant \alpha_1 f_c b'_f h'_f$

56. 对于 T 形截面受弯构件，有关其两类截面的划分，下列说法正确的是（　　）。

A. 破坏形态不同　　　　　　　　　　　B. 混凝土受压区的形状不同
C. 受拉区与受压区截面形状不同　　　　D. 计算公式建立的基本原理不同

57. 三个仅截面形式不同的梁（1. 矩形；2. T 形；3. I 形），它们的梁宽（或肋宽）b 相同，梁高 h 相等，受压翼缘宽度 b'_f 和受拉翼缘宽度 b_f 相同，在相同的正弯矩 M 作用下，其三者之间的配筋量 A_s 描述正确的是（　　）。

A. $A_{s1} > A_{s2} > A_{s3}$　　　　　　　　B. $A_{s1} > A_{s2} = A_{s3}$
C. $A_{s1} = A_{s2} > A_{s3}$　　　　　　　　D. $A_{s1} = A_{s2} = A_{s3}$

58. T 形截面梁配筋率的计算公式应为（　　）。

A. $\rho = \dfrac{A_s}{bh}$　　　　　　　　　　　　　B. $\rho = \dfrac{A_s}{bh_0}$
C. $\rho = \dfrac{A_s}{b'_f h_0}$　　　　　　　　　　　D. $\rho = \dfrac{A_s}{b'_f h}$

59. 双筋截面是指（　　）。

A. 同时配置预应力及非预应力纵向钢筋的梁
B. 受拉、受压区均配置纵向受力钢筋的梁
C. 配有两根受拉纵筋的梁
D. 配置两排受拉纵筋的梁

60. 在双筋梁计算中，其受压区高度 x 满足（　　）时，表明其为适筋梁。

A. $2a_s \leqslant x \leqslant \xi_b h_0$　　　　　　　　B. $2a'_s \leqslant x \leqslant \xi_b h_0$
C. $2a_s \leqslant x \leqslant \xi_b h$　　　　　　　　　D. $2a'_s \leqslant x \leqslant \xi_b h$

61. 双筋矩形截面梁保证受压区钢筋屈服的条件是（　　）。

A. $\xi \geqslant \xi_b$　　　　　　　　　　　　　B. $\xi \leqslant \xi_b$
C. $\xi \geqslant 2a'_s / h_0$　　　　　　　　　　D. $\xi \leqslant 2a'_s / h_0$

62. 在双筋矩形截面梁正截面承载力计算中，限制 $x \geqslant 2a'_s$ 是为了（　　）。

A. 保证受压区混凝土不过早破坏
B. 保证受压区混凝土达到极限压应变
C. 保证受压钢筋达到规定的抗压设计强度

D. 保证受拉钢筋达到规定的抗拉设计强度

63. 双筋矩形梁中，为防止受压筋压屈导致受压混凝土破坏，要求箍筋间距不应大于（　　）d（d 为受压筋直径）。

A. 15
B. 12
C. 10
C. 5

三、多选题

1. 梁、板的截面尺寸必须满足以下哪些方面的要求？（　　）

A. 承载力
B. 刚度
C. 裂缝控制
D. 跨度
E. 稳定性
F. 模数

2. 目前梁中主要配置哪些钢筋？（　　）

A. 纵向受力钢筋
B. 弯起钢筋
C. 箍筋
D. 纵向构造钢筋
E. 架立筋
F. 拉结筋

3. 在梁中，通常配置（　　）等钢筋，这些钢筋相互联系形成空间钢筋骨架。

A. 受拉钢筋
B. 腰筋
C. 架立筋
D. 箍筋

4. 设置纵向构造钢筋的作用是（　　）。

A. 满足强度要求
B. 防止在梁的侧面产生垂直于梁轴线的收缩裂缝
C. 增强钢筋骨架的刚度
D. 增强梁的抗扭作用
E. 裂缝控制要求
F. 施工质量要求

5. 有关民用建筑中梁的侧面配置纵向构造钢筋，下列说法符合规范规定的是（　　）。

A. 间距不大于 250mm
B. 每个侧面配筋面积不小于腹板截面面积的 0.1%
C. 拉筋直径同箍筋，间距为箍筋间距 3 倍
D. T 形截面腹板高度应取有效高度减去翼缘高度，I 形截面应取截面净高

6. 梁式板中通常配置哪些钢筋？（　　）

A. 弯起钢筋
B. 分布筋
C. 箍筋
D. 纵向受力钢筋
E. 架立筋
F. 腰筋

7. 对于民用建筑中板内受力钢筋的间距要求，下列说法正确的是（　　）。

A. 当板厚 $h \leqslant 150$mm 时，间距不应大于 200mm
B. 间距 $s \geqslant 60$mm
C. 当板厚 $h > 150$mm 时，间距不应大于 $1.5h$，且不应大于 300mm
D. 当板厚 $h > 150$mm 时，间距不应大于 $1.5h$，且不应大于 250mm

8. 有关梁中纵向受力钢筋，下列说法正确的是（　　）。
   A. 梁中纵向受拉钢筋最少不应少于2根
   B. 同一根梁中同一种受力钢筋尽量采用同直径钢筋
   C. 当同一种受力钢筋出现两种直径时，为便于施工，其直径相差不应小于2mm
   D. 梁下部纵筋多于两层时，两层以上的钢筋水平中距应比下面两层中距增加1.5倍
9. 梁内箍筋可选用（　　）。
   A. HPB300级钢筋   B. RRB400级钢筋
   C. HRB400级钢筋   D. HRB500级钢筋
10. 分布钢筋的作用是（　　）。
    A. 抵抗由混凝土收缩及温度变化而在垂直受力钢筋方向所产生的拉力
    B. 固定受力钢筋的位置，形成钢筋网
    C. 将荷载均匀有效地传给受力钢筋
    D. 承担由弯矩产生的拉力
11. 关于混凝土保护层的作用下列说法正确的是（　　）。
    A. 保护层的厚度增大易于减小构件裂缝宽度
    B. 保证钢筋和混凝土之间存在足够的粘结力
    C. 防止钢筋锈蚀，提高耐久性
    D. 防止在火灾下，钢筋过早软化
12. 混凝土保护层厚度与（　　）等因素有关。
    A. 钢筋的强度   B. 构件工作环境
    C. 混凝土强度等级   D. 构件类别
13. 钢筋混凝土适筋梁的破坏特征是（　　）。
    A. 受拉钢筋屈服的同时，受压区混凝土被压碎
    B. 梁破坏时，受拉钢筋没有屈服，且没有明显预兆
    C. 梁出现明显主裂缝，被一分为二
    D. 梁破坏时，受拉钢筋屈服，且有明显的预兆
14. 受弯构件正截面的破坏形态包括（　　）。
    A. 少筋破坏   B. 适筋破坏
    C. 斜压破坏   D. 超筋破坏
15. 受弯构件设计中，当$\xi>\xi_b$时，可采取的措施包括（　　）。
    A. 提高钢筋级别   B. 采用双筋梁
    C. 增加截面高度   D. 增加钢筋用量
16. 单筋矩形截面梁正截面承载力计算公式的适用条件是为了防止发生（　　）。
    A. 界限破坏   B. 少筋破坏
    C. 适筋破坏   D. 超筋破坏
17. 民用建筑中单筋T形截面承载力计算时，翼缘宽度应取下列（　　）三项的最小值。
    A. 按T形截面高度考虑   B. 按翼缘高度h'_f考虑
    C. 按计算跨度l_0考虑   D. 按梁（纵肋）净距s_n考虑

18. 在受拉压和受压区设置受力钢筋的截面称为双筋截面，它主要用于（　　）。

A. 因构造需要，在截面的压区已经配置受力钢筋时

B. 当构件承受的弯矩较大，但截面尺寸又受到限制时

C. 截面承受正负交替弯矩时

D. 为了防止构件发生脆性破坏时

四、判断题

1. 梁中弯起钢筋的弯起角度均为45°。（　　）
2. 板中分布钢筋的最小直径为6mm。（　　）
3. 对于民用建筑，当梁的腹板高度 h_w≥450mm 时，梁侧面需要增设纵向受力钢筋。（　　）
4. 楼面板的受力钢筋间距一般在 50～200mm 之间，当板厚>150mm 时，钢筋间距≤250mm 且≤1.5h，h 为板厚。（　　）
5. 箍筋端部可采用 90°或者 135°弯钩。（　　）
6. 实际工程中如果梁计算不需要配置箍筋，可以不配置。（　　）
7. 适筋梁破坏的第一阶段（即弹性工作阶段）是裂缝宽度和变形验算的依据。（　　）
8. 适筋梁破坏的第三阶段（即破坏阶段）是承载力计算的依据。（　　）
9. 超筋梁是延性破坏。（　　）
10. 梁正截面受弯承载力计算时，首先必须要确保截面尺寸满足要求，否则计算没有意义。（　　）
11. 梁正截面受弯承载力计算时，必须要确保满足最小配筋率的要求，这一步是为了保证梁不出现少筋梁破坏。（　　）
12. 梁正截面受弯承载力计算时，首先必须要确保截面尺寸满足要求，这一步是为了保证梁不出现超筋梁破坏。（　　）
13. 梁正截面受弯承载力计算时，必须要确保满足最小配筋率的要求，这一步是为了保证梁不出现超筋梁破坏。（　　）
14. 梁正截面受弯承载力计算时，首先必须要确保截面尺寸满足要求，这一步是为了保证梁不出现少筋梁破坏。（　　）
15. 现浇肋形楼盖中的主梁和次梁的跨中截面可以按照 T 形截面计算。（　　）
16. 现浇肋形楼盖中的主梁和次梁的支座截面可以按照 T 形截面计算。（　　）
17. 中性轴通过梁翼缘的截面为第一类 T 形截面。（　　）
18. 中性轴通过梁肋部的截面为第二类 T 形截面。（　　）
19. 第一类 T 形截面一般不会超筋。（　　）
20. 第二类 T 形截面一般不会超筋。（　　）
21. 第一类 T 形截面一般不会少筋。（　　）
22. 第二类 T 形截面一般不会少筋。（　　）
23. 在截面受拉区和受压区同时按计算配置受力钢筋的受弯构件称为双筋截面。（　　）
24. 在截面受压区配置一定数量的受力钢筋，有利于降低截面的延性。（　　）
25. 在截面受压区配置一定数量的受力钢筋，有利于降低截面的脆性。（　　）

26. 采用受压钢筋来承受截面的部分压力不经济。（　　）
27. 板中的分布钢筋布置在受力钢筋的外侧。（　　）
28. 配置两根钢筋的梁叫作双筋梁。（　　）
29. 对桥梁结构，当梁截面腹板高度 $h_w \geqslant 500$mm 时，应在梁的两侧沿高度配置纵向构造。（　　）
30. 受弯构件中，超筋梁发生的是延性破坏，适筋和少筋梁发生的是脆性破坏。（　　）
31. 架立筋的直径与跨度无关。（　　）
32. 梁截面承载力与受拉区形状无关。（　　）

五、简答题

1. 简述适筋梁、超筋梁、少筋梁的破坏特点。

2. 简述受弯构件适筋梁从开始加荷至破坏经历了哪几个阶段。

3. 简述斜压破坏、剪压破坏、斜拉破坏分别采用什么方法控制。

4. 什么是配筋率？配筋率对梁的正截面承载能力有哪些影响？

5. 确定受弯构件等效受压区矩形应力图的原则是什么？

6. 什么是混凝土的保护层厚度？

7. 根据纵向受力钢筋配筋率的不同，钢筋混凝土梁可分为哪几种类型？不同类型梁的破坏特征有何不同？破坏性质分别属于什么？实际工程设计中如何防止少筋梁和超筋梁？

8. 单筋矩形截面受弯构件正截面承载力计算公式的适用条件是什么？

六、计算题（第1～16题按民用建筑规范计算，第17、18题按公路桥梁规范计算）

1. 某钢筋混凝土矩形截面简支梁，承受弯矩设计值 $M=180\text{kN}\cdot\text{m}$，截面尺寸 $b\times h=250\text{mm}\times500\text{mm}$，采用C30级混凝土（$f_c=14.3\text{N/mm}^2$，$f_t=1.43\text{N/mm}^2$），纵向受力钢筋采用HRB400级钢筋（$f_y=f_y'=360\text{N/mm}^2$），$a_s=45\text{mm}$，求纵向受力钢筋的截面面积。（$\xi_b=0.518$）

2. 某钢筋混凝土矩形截面梁，承受弯矩设计值 $M=100\text{kN}\cdot\text{m}$，$b\times h=250\text{mm}\times500\text{mm}$，混凝土强度等级为C30（$f_c=14.3\text{N/mm}^2$，$f_t=1.43\text{N/mm}^2$），纵向钢筋采用3根直径20mm的HRB400钢筋，$A_s=941\text{mm}^2$，$f_y=360\text{N/mm}^2$。验算该梁的抗弯能力是否满足要求。（$a_s=45\text{mm}$，$\xi_b=0.518$，$\rho_{\min}=0.2\%$）

3. 某钢筋混凝土单向板，板厚 80mm，每 1m 宽度承受的弯矩设计值为 6kN·m（包括自重），混凝土采用 C25（$f_c=9.6\text{N/mm}^2$，$f_t=1.1\text{N/mm}^2$），采用 HPB300 钢筋，$f_y=270\text{N/mm}^2$，求受力钢筋的面积。（$a_s=20\text{mm}$，$\xi_b=0.576$，$\rho_{\min}=0.2\%$）

4. 某均布荷载作用下的矩形截面梁，$b \times h = 250\text{mm} \times 500\text{mm}$，混凝土强度等级 C25（$f_c=11.9\text{N/mm}^2$，$f_t=1.27\text{N/mm}^2$），箍筋用 HPB300 级钢筋，$f_{yv}=270\text{N/mm}^2$，直径为 8mm 双肢箍（$A_{sv}=100.6\text{mm}^2$），间距为 100mm，若支座边缘处最大剪力设计值（包括自重）$V=160\text{kN}$，验算此梁受剪承载力（包括最小截面尺寸及最小配筋率）。（$a_s=a'_s=40\text{mm}$，最小配箍率$=0.24f_t/f_{yv}$）

5. 已知某简支梁的截面尺寸为 $b \times h = 250\text{mm} \times 600\text{mm}$，混凝土强度等级为 C30，钢筋采用 HRB400，跨中截面弯矩设计值 $M=280\text{kN·m}$，环境类别为一类，试求梁跨中截面受拉钢筋面积，并选配钢筋。

6. 已知某梁的截面尺寸为 $b \times h = 250\text{mm} \times 500\text{mm}$，受拉钢筋为 4 根直径为 20mm 的 HRB400 钢筋，$A_s = 1256\text{mm}^2$，混凝土强度等级为 C35，承受的弯矩 $M = 155\text{kN} \cdot \text{m}$，环境类别为一类，试验算此梁截面是否安全。

7. 已知某梁的截面尺寸为 $b \times h = 250\text{mm} \times 500\text{mm}$，受拉钢筋配置为 4⊈25+2⊈22，$A_s = 2730\text{mm}^2$，混凝土强度等级为 C30，承受的弯矩 $M = 220\text{kN} \cdot \text{m}$，环境类别为一类，试验算此梁截面是否安全。

8. 如图所示某 T 形截面梁，截面尺寸为：$b_f' = 600\text{mm}$，$h_f' = 150\text{mm}$，$b = 250\text{mm}$，$h = 800\text{mm}$，采用 C30 级混凝土，HRB400 级钢筋，环境类别为一类，若承受的弯矩设计值为 $M = 600\text{kN} \cdot \text{m}$，计算所需的受拉钢筋截面面积。

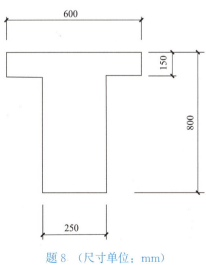

题 8（尺寸单位：mm）

9. 如图所示某 T 形截面梁，截面尺寸为：$b_f'=450\text{mm}$，$h_f'=120\text{mm}$，$b=250\text{mm}$，$h=700\text{mm}$，采用 C30 级混凝土，HRB400 级钢筋，环境类别为一类，若承受的弯矩设计值为 $M=500\text{kN}\cdot\text{m}$，计算所需的受拉钢筋截面面积。

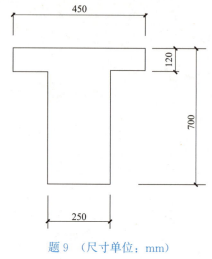

题 9 （尺寸单位：mm）

10. 钢筋混凝土矩形梁的某截面承受弯矩设计值 $M=100\text{kN}\cdot\text{m}$，$b\times h=200\text{mm}\times 500\text{mm}$，采用 C20 级混凝土，HRB400 级钢筋，试求该截面所需纵向受力钢筋的数量。

11. 某钢筋混凝土矩形截面简支梁，$b\times h=200\text{mm}\times 450\text{mm}$，计算跨度 6m，承受的均布荷载标准值为：恒荷载 8kN/m（不含自重），活荷载 6kN/m，可变荷载组合值系数 $\psi_c=0.7$，采用 C25 级混凝土，HRB400 级钢筋，试求纵向钢筋的数量。

12. 某办公楼矩形截面简支楼面梁,承受均布恒载标准值 8kN/m(不含自重),均布活荷载标准值 7.5kN/m,计算跨度 6m,采用 C25 级混凝土和 HRB400 级钢筋,试确定梁的截面尺寸和纵向钢筋的数量。

13. 某钢筋混凝土矩形截面梁,$b \times h = 200\text{mm} \times 450\text{mm}$,承受的最大弯矩设计值 $M = 90\text{kN} \cdot \text{m}$,所配纵向受拉钢筋为 4Φ16,混凝土强度等级为 C20,试复核该梁是否安全。

14. 有一矩形截面梁,截面尺寸 $b \times h = 200\text{mm} \times 350\text{mm}$,采用混凝土强度等级 C20,现配有 HRB400 级纵向受拉钢筋 6Φ20(排两排),试求该梁的受弯承载力。

15. 某 T 形截面独立梁，截面如图所示。采用 C30 级混凝土，HRB400 级钢筋，承受弯矩设计值 115kN·m，计算翼缘宽度 $b_f' = 600$mm，求纵向受力钢筋的数量。

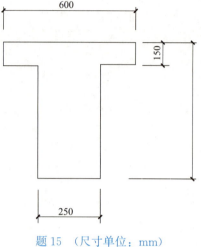

题 15（尺寸单位：mm）

16. 某 T 形截面独立梁，承受弯矩设计值 610kN·m，其余条件同习题 15，试求纵向钢筋数量。

17. 钢筋混凝土桥面板板厚 $h = 300$mm，跨中每米板宽承受恒载弯矩标准值 $M_{Gk} = 37.1$kN·m，汽车作用弯矩标准值 $M_{Qlk} = 95.6$kN·m，采用 C30 级混凝土和 HRB400 级钢筋，Ⅰ类环境条件，安全等级为二级，设计使用年限为 50 年，试进行配筋计算。

18. 某桥梁钢筋混凝土矩形截面梁，截面尺寸为 $b \times h = 200\text{mm} \times 500\text{mm}$，截面最大弯矩设计值 $M_d = 150\text{kN} \cdot \text{m}$，采用 C30 级混凝土，HRB400 级钢筋，箍筋直径 8mm（HPB300 级钢筋），Ⅰ类环境条件，设计使用年限 100 年，安全等级为一级，试进行截面设计。

19. 某桥梁钢筋混凝土矩形截面梁，截面尺寸为 $b \times h = 200\text{mm} \times 400\text{mm}$，截面最大弯矩设计值 $M_d = 90\text{kN} \cdot \text{m}$，采用 C30 级混凝土，HRB400 级钢筋，箍筋直径 8mm（HPB300 级钢筋），Ⅰ类环境条件，设计使用年限 50 年，安全等级为二级，试进行截面设计。

20. 某桥梁钢筋混凝土矩形截面梁，尺寸为 $b \times h = 250\text{mm} \times 500\text{mm}$，采用 C30 级混凝土，HRB400 级钢筋（3Φ16），$a_s = 50\text{mm}$，箍筋直径 8mm（HPB300 级钢筋），Ⅰ类环境条件，设计使用年限 50 年，安全等级为二级，截面最大弯矩设计值 $M_d = 70\text{kN} \cdot \text{m}$，复核截面是否安全。

21. 某桥梁矩形截面梁的截面尺寸为 $b \times h = 200\text{mm} \times 500\text{mm}$，截面最大弯矩设计值 $M_d = 230\text{kN}\cdot\text{m}$，采用 C30 级混凝土，HRB400 级钢筋，箍筋直径 8mm（HPB300 级钢筋），Ⅰ类环境条件，设计使用年限 100 年，安全等级为一级，试进行截面设计。

22. 某桥梁钢筋混凝土矩形截面梁，截面尺寸为 $b \times h = 200\text{mm} \times 450\text{mm}$，采用 C30 级混凝土，HRB400 级钢筋，箍筋直径 8mm（HPB300 级钢筋），Ⅰ类环境条件，设计使用年限 100 年，安全等级为一级，最大弯矩设计值 $M_d = 190\text{kN}\cdot\text{m}$，试按双筋截面求所需的钢筋截面积并进行截面布置。

23. 已知条件与练习题 22 相同。由于构造要求截面受压区已配置了 3Φ20 的钢筋，$a'_s = 45\text{mm}$，试求所需的受拉钢筋截面面积。

24. 某桥梁钢筋混凝土双筋矩形截面梁，截面尺寸为 $b \times h = 300\text{mm} \times 500\text{mm}$，C30 混凝土，受拉区配有纵向受拉钢筋（HRB400 级钢筋）4 ⏀ 22（$A_s = 1520\text{mm}^2$），$a_s = 45\text{mm}$；受压区配有纵向受力钢筋（HRB400 级钢筋）4 ⏀ 16（$A_s = 804\text{mm}^2$），$a'_s = 40\text{mm}$；承受弯矩设计值 $M_d = 120\text{kN} \cdot \text{m}$；Ⅰ类环境条件，安全等级为二级。试进行承载能力复核。

25. 下图为装配式 T 形截面简支梁桥横向布置图，简支梁的计算跨径为 24.2m，试求边梁和中梁受压翼缘板的有效宽度 b'_f。

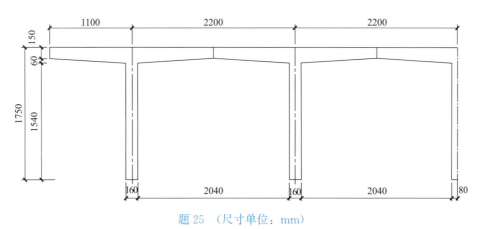

题 25 （尺寸单位：mm）

26. 某桥梁 T 形截面梁尺寸如图所示，采用 C30 混凝土和 HRB400 级钢筋，箍筋采用 HPB300 级钢筋，直径为 8mm，计算弯矩 $M=1000$kN·m，Ⅰ类环境条件，设计使用年限 100 年，安全等级为二级。试进行截面设计。

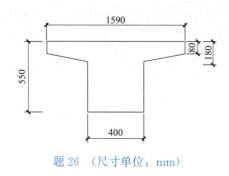

题 26　（尺寸单位：mm）

27. 装配式简支梁桥，计算跨径 $L=21.6$m，相邻主梁间距为 1.6m，截面尺寸如图所示，采用 C30 混凝土和 HRB400 级钢筋，箍筋采用 HPB300 级钢筋，直径为 8mm，恒载弯矩标准值 $M_{Gk}=983$kN·m，汽车作用弯矩标准值 $M_{Q1k}=776$kN·m，Ⅰ类环境条件，设计使用年限 100 年，安全等级为二级。试进行截面设计。

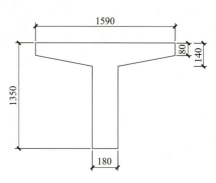

题 27　（尺寸单位：mm）

28. 某桥梁钢筋混凝土简支 T 形截面梁,计算跨径 $L=13m$,相邻两梁的中心间距为 2.1m,$h_f'=120mm$,$b=200mm$,$h=1350mm$,$h_0=1280mm$;C30 混凝土,在截面受拉区配有纵向受拉钢筋(HRB400 级钢筋,分 6 层布置)12⌀18($A_s=3054mm^2$),$a_s=90mm$,箍筋与水平纵向钢筋均采用 HPB300 级钢筋,直径均为 8mm;Ⅰ类环境条件,设计使用年限 100 年,安全等级为二级;截面最大弯矩设计值 $M_d=1190kN·m$,试进行截面复核。

3.3.2 斜截面承载力计算

一、单选题

1. 梁斜截面的破坏是指（　　）。
A. 弯剪扭共同作用下的破坏　　　　B. 弯剪共同作用下的破坏
C. 纯剪作用下的破坏　　　　　　　D. 纯弯作用下的破坏
2. 钢筋混凝土梁的斜压破坏主要是通过（　　）来避免的。
A. 设计计算　　　　　　　　　　　B. 限制弯起钢筋用量
C. 限制截面尺寸　　　　　　　　　D. 按构造要求配置箍筋
3. 为防止钢筋出现斜压破坏,下列采取的措施正确的是（　　）。
A. 限制最小配箍率　　　　　　　　B. 满足剪跨比 $\lambda \geqslant 1$
C. 通过计算控制　　　　　　　　　D. 限制截面最小尺寸
4. 钢筋混凝土梁的剪压破坏主要是通过（　　）来避免的。
A. 设计计算　　　　　　　　　　　B. 限制弯起钢筋用量
C. 限制截面尺寸　　　　　　　　　D. 按构造要求配置箍筋
5. 钢筋混凝土梁的斜拉破坏主要是通过（　　）来避免的。
A. 设计计算　　　　　　　　　　　B. 限制弯起钢筋用量
C. 限制截面尺寸　　　　　　　　　D. 按构造要求配置箍筋
6. 剪跨比指的是（　　）。
A. $\lambda=a/l_0$　　　　　　　　　　B. $\lambda=a/l_n$
C. $\lambda=a/h$　　　　　　　　　　D. $\lambda=a/h_0$
7. 对于无腹筋梁,当剪跨比 $\lambda<1$ 时,常发生（　　）。

A. 斜压破坏 B. 斜拉破坏
C. 剪压破坏 D. 弯曲破坏

8. 对于无腹筋梁，当剪跨比 λ＞3 时，常发生（　　）。
A. 斜压破坏 B. 斜拉破坏
C. 剪压破坏 D. 弯曲破坏

9. 对于无腹筋梁，当 1＜λ＜3 时，常发生（　　）。
A. 斜压破坏 B. 斜拉破坏
C. 剪压破坏 D. 弯曲破坏

10. 无腹筋梁斜截面受剪破坏形态主要有三种，这三种破坏的性质（　　）。
A. 都属于塑性破坏
B. 都属于脆性破坏
C. 剪压破坏属于塑性破坏，斜拉和斜压破坏属于脆性破坏
D. 斜拉破坏属于塑性破坏，剪压和斜压破坏属于脆性破坏

11. 剪压破坏发生在（　　）。
A. 剪跨比较大时 B. 剪跨比适中，腹筋配置量适当时
C. 箍筋用量较少时 D. 截面尺寸较小时

12. 受弯构件的配箍率过小，且剪跨比 λ＞3 时，可能产生的破坏形态是（　　）破坏。
A. 少筋 B. 斜压
C. 斜拉 D. 剪压

13. 配置箍筋来抗剪的梁，梁高 h、梁宽 b、混凝土强度 f_c 这三个因素中，对提高梁抗剪承载力最有效的是（　　）。
A. f_c B. b
C. h D. 都一样

14. 受弯构件斜截面抗剪承载力计算公式的建立依据是（　　）。
A. 斜压破坏 B. 斜拉破坏
C. 剪压破坏 D. 弯曲破坏

15. 楼面梁用弯起钢筋抵抗剪力时，其钢筋的强度取值为（　　）。
A. $1.25f_y$ B. $1.15f_y$
C. f_y D. $0.8f_y$

16. 民用建筑中，有腹筋梁抗剪力计算公式中的 $0.7f_t bh_0$ 是代表（　　）抗剪能力。
A. 仅混凝土的 B. 箍筋与混凝土的
C. 纵筋与混凝土的 D. 纵筋、箍筋与混凝土的

17. 民用建筑中，梁的抗剪计算公式 $V \leqslant \dfrac{1.75}{\lambda+1}f_t bh_0 + f_{yv}\dfrac{A_{sv}}{s}h_0$，适用于（　　）。
A. 集中荷载产生的剪力占总剪力的 75% 以上时的独立梁
B. 集中荷载产生的剪力与总剪力之比 ≤75% 的独立梁
C. 集中荷载作用下的独立梁
D. 均布线荷载作用下的独立梁

18. 无腹筋梁斜截面受剪主要破坏形态有三种。对条件相同的构件，梁的斜截面抗剪

承载力的关系为（　　）。

A. 剪压破坏＝斜压破坏＞斜拉破坏

B. 斜拉破坏＝剪压破坏＞斜压破坏

C. 斜拉破坏＜剪压破坏＜斜压破坏

D. 剪压破坏≥斜压破坏≥斜拉破坏

19. 同一截面梁承受集中荷载作用时的斜截面受剪承载力比承受均布荷载时的斜截面受剪承载力（　　）。

A. 相等   B. 低

C. 高   D. 三种可能都有

20. 民用建筑中，均布荷载作用下的一般受弯构件，当 $V \leqslant 0.7 f_t b h_0$ 时（　　）。

A. 按计算结果配置箍筋   B. 按箍筋的最大间距要求配置箍筋

C. 按构造要求配置箍筋   D. 可不配箍筋

21. 民用建筑中，当梁高 500mm＜h≤800mm，剪力 $V > 0.7 f_t b h_0$ 时，箍筋的最大间距 $s_{\max}$ 为（　　）。

A. 300mm   B. 250mm

C. 200mm   D. 150mm

22. 梁斜截面受剪承载力计算时，必须要确保截面尺寸满足要求，这一步是为了保证梁不出现（　　）。

A. 斜拉破坏   B. 斜压破坏

C. 剪压破坏   D. 适筋破坏

23. 梁斜截面受剪承载力计算时，必须要确保满足最小配箍率的要求，这一步是为了保证梁不出现（　　）。

A. 适筋破坏   B. 超筋破坏

C. 少筋破坏   D. 斜拉破坏

24. 梁的箍筋配置，要满足直径、肢体、间距及最小配筋率的要求，主要目的是（　　）。

A. 防少筋破坏   B. 防超筋破坏

C. 防斜拉破坏   D. 防剪压破坏

25. 民用建筑中，为避免受弯构件出现斜拉破坏，当 $V > 0.7 f_t b h_0$ 时，构件配箍率应满足（　　）。

A. $\rho_{sv} \geqslant \rho_{sv,\min} = 0.6 f_t / f_{yv}$ B. $\rho_{sv} \geqslant \rho_{sv,\min} = 0.45 f_t / f_{yv}$

C. $\rho_{sv} \geqslant \rho_{sv,\min} = 0.24 f_t / f_{yv}$ D. $\rho_{sv} \geqslant \rho_{sv,\min} = 0.2 f_t / f_{yv}$

26. 钢筋混凝土梁中，箍筋直径和间距根据（　　）确定。

A. 经验   B. 构造

C. 计算   D. 计算和构造

27. 在梁的受拉区，纵向受拉钢筋的弯起点应该设在按正截面承载力被充分利用截面以外 $s_1 \geqslant h_0/2$ 处，原因是（　　）。

A. 控制斜裂缝宽度   B. 保证斜截面受弯承载力

C. 保证斜截面受剪承载力   D. 保证弯起钢筋能屈服

28. 一般板不作抗剪计算，主要因为（　　）。
   A. 一般板承载的荷载较小　　　　B. 板内不便配箍筋
   C. 板的宽度大于高度　　　　　　D. 板一般承受均布荷载

二、多选题

1. 斜截面受剪承载力的计算位置为（　　）。
   A. 支座边缘处的斜截面　　　　　B. 钢筋弯起点处的斜截面
   C. 弯矩最大的截面　　　　　　　D. 受拉区箍筋间距改变处的斜截面
   E. 受拉区箍筋截面面积改变处的斜截面
2. 影响斜截面受剪承载力的因素有（　　）。
   A. 剪跨比　　　　　　　　　　　B. 截面形状
   C. 荷载种类和作用方式　　　　　D. 混凝土强度等级
   E. 配箍率　　　　　　　　　　　F. 纵筋的配筋率
3. 受弯构件斜面破坏形态包括（　　）。
   A. 剪压破坏　　　　　　　　　　B. 倾覆破坏
   C. 斜压破坏　　　　　　　　　　D. 斜拉破坏
4. 民用建筑中，在钢筋混凝土梁斜截面承载力计算中，若 $V > 0.25\beta_c f_c b h_0$，则应采取的措施是（　　）。
   A. 配置弯起钢筋　　　　　　　　B. 增加箍筋用量
   C. 加大截面尺寸　　　　　　　　D. 提高混凝土强度等级
5. 在计算梁的斜截面受剪承载力时，其计算位置应采用（　　）。
   A. 支座边缘处的斜截面
   B. 弯起钢筋弯终点处的斜截面
   C. 腹板宽度改变处的截面
   D. 受拉区箍筋截面面积或间距改变处的斜截面

三、判断题

1. 受弯构件一般不会因主压应力而引起破坏。（　　）
2. 混凝土出现斜裂缝的方向为平行于主拉应力方向。（　　）
3. 斜截面受剪承载力是通过计算配置腹筋来保证的。（　　）
4. 斜截面受弯承载力是通过配置弯起钢筋来保证的。（　　）
5. 同时配有腹筋和纵向钢筋的梁称为有腹筋梁。（　　）
6. 实际工程可以采用无腹筋梁。（　　）
7. 斜拉破坏时，斜截面受剪承载力主要取决于混凝土的抗拉强度。（　　）
8. 斜压破坏时，梁的受剪承载力主要取决于混凝土斜压柱体的受压承载力。（　　）
9. 斜截面受剪承载力是通过构造措施来保证的。（　　）
10. 斜截面受弯承载力是通过构造措施来保证的。（　　）
11. 梁的斜截面受剪承载力与 ρ_{sv} 呈线性关系，受剪承载力随 ρ_{sv} 增大而增大。（　　）
12. 纵筋受剪产生的销栓力可以限制斜裂缝的开展，从而间接提高斜截面的受剪承载

力。( )

13. 仅配置箍筋的受弯构件的受剪承载力由箍筋提供。( )
14. 仅配置箍筋的受弯构件的受剪承载力由混凝土和箍筋分别提供。( )
15. 纵筋受剪产生的销栓力可以限制斜裂缝的开展，从而间接提高斜截面的受弯承载力。( )
16. 梁的斜截面受剪承载力与 ρ_{sv} 呈线性关系，受剪承载力随 ρ_{sv} 增大而减小。( )
17. 梁斜截面受剪承载力计算时，首先必须要确保截面尺寸满足要求，否则计算没有意义。( )
18. 梁斜截面受剪承载力计算时，必须要确保截面尺寸满足要求，这一步是为了保证梁不出现斜拉破坏。( )
19. 梁斜截面受剪承载力计算时，必须要确保截面尺寸满足要求，这一步是为了保证梁不出现斜压破坏。( )
20. 梁斜截面受剪承载力计算时，必须要确保满足最小配箍率的要求，这一步是为了保证梁不出现斜拉破坏。( )
21. 梁斜截面受剪承载力计算时，必须要确保满足最小配箍率的要求，这一步是为了保证梁不出现斜压破坏。( )

四、简答题

1. 钢筋混凝土受弯构件斜截面受剪破坏有哪几种形态？破坏特征各是什么？以哪种破坏形态作为计算的依据？如何防止斜压和斜拉破坏？

2. 影响斜截面抗剪承载力的因素有哪些？

3. 受弯构件中腹筋的作用是什么？

4. 对于简支梁，哪些截面需要进行斜截面抗剪承载力复核？

五、计算题（第 1、2 题按民用建筑规范计算，第 3 题按公路桥梁规范计算）

1. 一钢筋混凝土矩形截面简支梁，截面尺寸 250mm×500mm，混凝土强度等级为 C25，箍筋为 HPB300 级钢筋，纵筋为 4⏀25 的 HRB400 级钢筋，支座处截面的剪力最大值为 195kN。求：箍筋和弯起钢筋的数量。

2. 某钢筋混凝土简支梁，截面尺寸 $b×h=250mm×500mm$，承受均布线荷载，净跨 $l_n=4m$，支座端剪力设计值为 $V=180kN$；混凝土强度等级 C30，箍筋采用 HRB300 级钢筋，梁内配有双肢⏀8@200 的箍筋。试验算该梁斜截面抗剪承载力是否满足要求。

3. 某桥梁钢筋混凝土矩形截面简支梁，计算跨径 $L=5m$，截面尺寸为 $b×h=200mm×400mm$，C40 混凝土；Ⅰ类环境条件，设计使用年限 50 年，安全等级为二级；已知简支梁跨中截面弯矩设计值 $M_{d,L/2}=160kN·m$，支点处剪力设计值 $V_{d,0}=130kN$，跨中处剪力

设计值 $V_{d,L/2}=0$ kN。试求所需的纵向受拉钢筋 A_s（HRB400级钢筋）和仅配置箍筋（HPB300级）时的箍筋直径与布置间距 s_v，并绘制出配筋图。

3.3.3 受弯构件挠度及裂缝宽度验算

一、单选题

1. 裂缝宽度和变形验算是为了保证构件（　　）。
   A. 进入承载能力极限状态的概率足够小　　B. 进入正常使用极限状态的概率足够小
   C. 能在弹性阶段工作　　D. 能在带裂缝阶段工作
2. 钢筋混凝土构件变形和裂缝验算中关于荷载、材料强度取值说法正确的是（　　）。
   A. 荷载、材料强度都取设计值　　B. 荷载、材料强度都取标准值
   C. 荷载取设计值，材料强度都取标准值　　D. 荷载取标准值，材料强度都取设计值
3. 当验算受弯构件挠度时，出现 $f>[f]$ 的情况，采取下列（　　）措施是最有效的。
   A. 加大截面的高度　　B. 加大截面的宽度
   C. 提高混凝土强度等级　　D. 增加钢筋的用量
4. 钢筋混凝土轴心受拉构件裂缝宽度计算时，ρ_{te} 的计算公式为（　　）。
   A. $\rho_{te}=A_s/bh$　　B. $\rho_{te}=A_s/bh_0$
   C. $\rho_{te}=A_s/0.5bh$　　D. $\rho_{te}=A_s/0.5bh_0$
5. 钢筋混凝土梁在正常使用下，（　　）。
   A. 通常是带裂缝工作的
   B. 不会出现裂缝
   C. 一旦出现裂缝，沿全长混凝土与钢筋之间的粘结完全消失
   D. 一旦出现裂缝，裂缝就会贯通全截面
6. 在实际工程中，为减少裂缝宽度可采取下列措施，其中不正确的是（　　）。
   A. 减小钢筋直径，选用螺纹钢筋　　B. 提高混凝土强度，提高配筋率
   C. 选用高强度钢筋　　D. 提高构件高度或厚度
7. 其他条件相同的情况下，钢筋的直径越细，混凝土梁的裂缝宽度（　　）。
   A. 越大　　B. 越小
   C. 不变　　D. 有可能变大有可能变小
8. 提高受弯构件抗弯刚度最有效的措施是（　　）。

A. 提高混凝土强度等级　　　　　　　　B. 增加受拉钢筋的截面面积
C. 加大截面的有效高度　　　　　　　　D. 加大截面宽度

9. 钢筋混凝土梁截面抗弯刚度随荷载的增加及持续时间的增加而（　　）。
A. 逐渐减小　　　　　　　　　　　　　B. 逐渐增大
C. 保持不变　　　　　　　　　　　　　D. 先增大后减小

10. 下列（　　）项不是进行变形控制的主要原因。
A. 构件有超过限值的变形，将不能正常使用
B. 构件有超过限值的变形，将引起隔墙等裂缝
C. 构件有超过限值的变形，将影响美观
D. 构件有超过限值的变形，将不能继续承载，影响结构安全

11. 下面关于钢筋混凝土受弯构件截面弯曲刚度的说明中，错误的是（　　）。
A. 截面弯曲刚度随着荷载增大而减小　　B. 截面弯曲刚度随着时间的增加而减小
C. 截面弯曲刚度随着裂缝的发展而减小　D. 截面弯曲刚度不变

12. 在计算钢筋混凝土受弯构件挠度时，其弯曲刚度是按照（　　）原则确定的。
A. 各截面实际刚度　　　　　　　　　　B. 最小刚度
C. 最大刚度　　　　　　　　　　　　　D. 平均刚度

13. 民用建筑中钢筋混凝土受弯构件挠度计算公式正确的是（　　）。
A. $f = S \dfrac{M_k l_0^2}{B_s}$　　　　　　　　　　　　B. $f = S \dfrac{M_k l_0^2}{B}$
C. $f = S \dfrac{M_q l_0^2}{B_s}$　　　　　　　　　　　　D. $f = S \dfrac{M_q l_0^2}{B}$

14. 在计算钢筋混凝土受弯构件挠度时，其荷载应按照（　　）取值。
A. 荷载基本组合　　　　　　　　　　　B. 荷载标准组合
C. 荷载准永久组合　　　　　　　　　　D. 荷载频遇组合

15. 下面关于短期刚度的影响因素说法错误的是（　　）。
A. ρ 增加，B_s 略有增加
B. 在常用配筋率 $\rho=1\%\sim2\%$ 的情况下，提高混凝土强度等级对于提高 B_s 的作用不大
C. 截面高度对于提高 B_s 的作用最大
D. 截面配筋率如果满足承载力要求，基本上也可以满足变形的限值

16. 减小钢筋混凝土受弯构件的裂缝宽度，首先应考虑的措施是（　　）。
A. 采用细直径的钢筋或变形钢筋　　　　B. 增加钢筋面积
C. 增加截面尺寸　　　　　　　　　　　D. 提高混凝土的强度等级

17. 混凝土构件的平均裂缝间距与（　　）无关。
A. 混凝土强度等级　　　　　　　　　　B. 混凝土保护层厚度
C. 纵向受拉钢筋直径　　　　　　　　　D. 纵向钢筋配筋率

18. 混凝土构件裂缝宽度的确定方法为（　　）。
A. 构件受拉区外表面上混凝土的裂缝宽度
B. 受拉钢筋内侧构件侧表面上混凝土的裂缝宽度

C. 受拉钢筋外侧构件侧表面上混凝土的裂缝宽度
D. 受拉钢筋重心水平处构件侧表面上混凝土的裂缝宽度

19. 为了减小钢筋混凝土构件的裂缝宽度，可采用（　　）的方法。
A. 减小构件截面尺寸
B. 以等面积的粗钢筋代替细钢筋
C. 以等面积细钢筋代替粗钢筋
D. 以等面积 HPB300 级钢筋代替 HRB400 级钢筋

20. 平均裂缝宽度计算公式中 σ_{sk} 按荷载效应的（　　）组合计算。
A. 基本 B. 标准
C. 准永久 D. 频遇

21. 钢筋混凝土构件平均裂缝间距随混凝土保护层厚度增大而（　　）；随纵筋配筋率增大而（　　）。
A. 增大 B. 不变
C. 减小 D. 不定

22. 裂缝间纵向受拉钢筋应变不均匀系数反映（　　）参加工作的程度。
A. 拉区混凝土 B. 压区混凝土
C. 受拉钢筋 D. 受压钢筋

23. 受拉钢筋应变不均匀系数愈小，表明（　　）。
A. 裂缝间钢筋平均应变愈大
B. 裂缝间受拉混凝土参加工作程度愈小
C. 裂缝间受拉混凝土参加工作程度愈大
D. 与裂缝间受拉混凝土参加工作的程度无关

24. 对于钢筋混凝土构件，裂缝的出现和开展会使其（　　）。
A. B_1 降低 B. 结构适用性和耐久性降低
C. 承载力减小 D. B_1 增加

25. 当其他条件完全相同时，根据钢筋面积选择钢筋直径和根数时，对裂缝有利的选择是（　　）。
A. 较粗的变形钢筋 B. 较粗的光圆钢筋
C. 较细的变形钢筋 D. 较细的光圆钢筋

26. 按规范所给的公式计算出的最大裂缝宽度是（　　）。
A. 构件受拉区外边缘处的裂缝宽度 B. 构件受拉钢筋位置处的裂缝宽度
C. 构件中和轴处裂缝宽度 D. 构件受压区外边缘和裂缝宽度

27. 最大裂缝宽度会随钢筋直径的增大而（　　）。
A. 增大 B. 减小
C. 不变 D. 与此无关

28. 钢筋混凝土梁的受拉区边缘（　　）时，受拉区开始出现裂缝。
A. 达到混凝土实际的抗拉强度 B. 达到混凝土抗拉标准强度
C. 达到混凝土抗拉设计强度 D. 达到混凝土弯曲抗拉设计强度

29. 《混凝土标准》规定，通过计算控制不出现裂缝或限制裂缝最大宽度指的是下列

哪种裂缝？（　　）

A. 由内力直接引起的裂缝　　　　B. 由混凝土收缩引起的裂缝

C. 由温度变化引起的裂缝　　　　D. 由不均匀沉降引起的裂缝

30. 钢筋混凝土构件的裂缝宽度是指（　　）。

A. 受拉钢筋重心水平处构件底面上混凝土的裂缝宽度

B. 受拉钢筋重心水平处构件侧表面上混凝土的裂缝宽度

C. 构件底面上混凝土的裂缝宽度

D. 构件侧表面上混凝土的裂缝宽度

31. 其他条件相同时，钢筋的保护层厚度与平均裂缝间距、裂缝宽度之间的关系是（　　）。

A. 保护层越厚，平均裂缝间距越小，但裂缝宽度越大

B. 保护层越厚，平均裂缝间距越大，但裂缝宽度越小

C. 保护层越厚，平均裂缝间距越大，裂缝宽度也越大

D. 保护层厚度对平均裂缝间距及裂缝宽度均没有影响

32. 验算受弯构件裂缝宽度和挠度的目的是（　　）。

A. 使构件能带裂缝工作　　　　B. 使构件满足正常使用极限状态的要求

C. 使构件满足承载力极限状态的要求　　D. 使构件能在弹性阶段工作

33. 一般情况下，钢筋混凝土受弯构件（　　）。

A. 不带裂缝工作　　　　　　　　B. 带裂缝工作

C. 带裂缝工作，但裂缝宽度应受到限制　　D. 带裂缝工作，且裂缝宽度不受限制

34. 混凝土构件的平均裂缝间距与下列因素无关的是（　　）。

A. 混凝土强度等级　　　　　　　B. 混凝土保护层厚度

C. 纵向受拉钢筋直径　　　　　　D. 纵向钢筋配筋率

35. 下列关于受弯构件裂缝发展的说法正确的是（　　）。

A. 受弯构件的裂缝会一直发展，直至构件破坏

B. 钢筋混凝土受弯构件两条裂缝之间的平均裂缝间距为 1.0 倍的粘结应力传递长度

C. 裂缝的开展是由于混凝土的回缩、钢筋的伸长导致混凝土于钢筋之间产生相对滑移的结果

D. 裂缝的出现不是随机的

36. 验算钢筋混凝土构件的裂缝宽度时所采用的荷载为（　　）。

A. 荷载平均值　　　　　　　　　B. 荷载标准值

C. 荷载设计值　　　　　　　　　D. 荷载代表值

37. 减小钢筋混凝土受弯构件的裂缝宽度，最有效也是常用的措施是（　　）。

A. 增加钢筋的截面面积　　　　　B. 减小混凝土保护层厚度

C. 提高混凝土强度等级　　　　　D. 减小钢筋的直径

38. 普通钢筋混凝土结构裂缝控制等级为（　　）。

A. 一级　　　　　　　　　　　　B. 二级

C. 三级　　　　　　　　　　　　D. 四级

39. 环境类别为二 a 类，裂缝控制等级为三级的钢筋混凝土受弯构件，其最大裂缝宽

度限值 $w_{\lim}$ 为（　　）mm。

A. 0.4　　　　　　　　　　　B. 0.3
C. 0.2　　　　　　　　　　　D. 0.1

二、多选题

1. 影响裂缝宽度的主要因素有（　　）。
   A. 纵筋直径　　　　　　　　B. 纵筋配筋率
   C. 保护层厚度　　　　　　　D. 混凝土强度
   E. 纵筋表面形状
2. 钢筋混凝土构件的截面刚度为一变量，其特点包括（　　）。
   A. 随纵向受拉钢筋的减小而减少　　B. 随配箍率的增加而增加
   C. 随时间的增加而减小　　　　　　D. 随弯矩的增加而减小
3. 影响受弯构件裂缝宽度的主要因素（　　）。
   A. 混凝土等级、钢筋级别　　B. 纵筋的直径及配筋率
   C. 保护层厚度　　　　　　　D. 纵筋的内力及表面形状

三、判断题

1. 钢筋混凝土梁在受压区配置钢筋，将增大长期荷载作用下的挠度。（　　）
2. 在工形截面受弯构件中，构件截面刚度 B_s 与受拉翼缘有关。（　　）
3. 进行结构构件的变形验算时，采用荷载标准值、荷载准永久值和材料强度设计值。（　　）
4. 提高钢筋混凝土受弯构件刚度的最有效措施是增大截面高度。（　　）
5. 受弯构件挠度计算应考虑荷载长期作用影响。（　　）
6. 由于混凝土徐变的影响，构件刚度随时间的增长而增长。（　　）
7. 混凝土结构构件只要满足了承载力极限状态的要求即可。（　　）
8. 混凝土构件满足正常使用极限状态的要求是为了保证安全性的要求。（　　）
9. 钢筋混凝土梁的截面刚度随着荷载的大小及持续时间的变化而变化。（　　）
10. 减小钢筋混凝土受弯构件挠度的最有效措施是增大构件的截面高度。（　　）
11. 实际工程中一般通过限制最大跨高比来限制构件的挠度。（　　）
12. 凡是增大混凝土徐变和收缩的因素都将会使构件的刚度降低，挠度增大。（　　）
13. 在构件的挠度验算中，用长期刚度反映荷载长期作用的影响，而在构件裂缝宽度的计算中不需要考虑荷载长期效应的影响。（　　）
14. 钢筋混凝土受弯构件的抗弯刚度与截面的受力大小有关。在构件挠度计算时，取同一符号弯矩区段中最大弯矩处的截面抗弯刚度作为该梁的抗弯刚度，这就是挠度计算中的"最小刚度原则"。（　　）
15. 受弯构件截面弯曲刚度随着荷载的增大而减小。（　　）
16. 受弯构件截面弯曲刚度随着时间的增加而减小。（　　）
17. 钢筋混凝土构件变形和裂缝验算中荷载、材料强度都取设计值。（　　）
18. 一般钢筋混凝土结构在正常使用荷载作用下，构件常带裂缝工作。（　　）

19. 受弯构件的裂缝会一直发展，直至构件破坏。（　）
20. 不管是受拉构件还是受弯构件，在裂缝出现前后，裂缝处的钢筋应力均会发生突变。（　）
21. 在其他条件不变的情况下，采用直径较小的钢筋可使构件的裂缝开展宽度减小。（　）
22. 当截面尺寸和所受的弯矩一定时，增加受拉钢筋数量，可以减小裂缝开展的宽度。（　）
23. 钢筋混凝土梁抗裂弯矩的大小主要与受拉钢筋配筋率的大小有关。（　）
24. 裂缝宽度是指构件外表面上混凝土的裂缝宽度。（　）
25. 钢筋混凝土构件变形和裂缝验算中荷载、材料强度都取设计值。（　）
26. 在钢筋混凝土结构中，提高构件抗裂度的有效办法是增加受拉钢筋的用量。（　）
27. 由于构件的裂缝宽度和变形随时间而变化，因此进行裂缝宽度和变形验算时，除按荷载效应的基本组合，还应考虑长期作用的影响。（　）
28. 平均裂缝间距与混凝土轴心抗拉强度设计值呈正比，混凝土轴心抗拉强度设计值愈高，平均裂缝间距愈大。（　）
29. 钢筋混凝土构件平均裂缝宽度随混凝土保护层厚度增大而增大。（　）
30. 构件中裂缝的出现和开展使构件的刚度降低，变形增大。（　）
31. 裂缝按其形成的原因，可分为由荷载引起的裂缝和由变形因素引起的裂缝两大类。（　）
32. 实际工程中，结构构件的裂缝大部分是由荷载引起的。（　）
33. 引起裂缝的变形因素包括材料收缩、温度变化、混凝土碳化及地基不均匀沉降等。（　）
34. 荷载裂缝是由荷载引起的主应力超过混凝土抗压强度引起的。（　）
35. 进行裂缝宽度验算就是将构件的裂缝宽度限制在规范允许的范围之内。（　）
36. 规范控制温度收缩裂缝采取的措施是规定钢筋混凝土结构伸缩缝最大间距。（　）
37. 规范控制由混凝土碳化引起裂缝采取的措施是规定受力钢筋混凝土结构保护层厚度。（　）
38. 随着荷载的不断增加，构件上的裂缝会持续不断地出现。（　）
39. 平均裂缝间距主要取决于荷载的大小。（　）
40. 有效配筋率是所有纵向受拉钢筋对构件截面的配筋率。（　）
41. 平均裂缝宽度是平均裂缝间距之间沿钢筋水平位置处钢筋和混凝土总伸长之差。（　）
42. 最大裂缝宽度就是考虑裂缝并非均匀分布，在平均裂缝宽度的基础上乘以一个增大系数而求得的。（　）
43. 当纵向受拉钢筋的面积相等时，选择较细直径的变形钢筋可减小裂缝宽度。（　）
44. 按基本公式计算的最大裂缝宽度是构件受拉区外表面处的裂缝宽度。（　）
45. 实际设计时，可通过限制受拉钢筋的最大直径来使最大裂缝宽度满足要求。（　）
46. 减小裂缝宽度的首选措施是增大受拉钢筋的配筋率。（　）
47. 平均裂缝间距主要与钢筋和混凝土之间的粘结强度有关。（　）

48. 有效配筋率相同时,钢筋直径小者平均裂缝间距大些。(   )

49. 在室内正常环境条件下,裂缝宽度限值可比室外大些,所以构件保护层厚度可小些。(   )

50. 钢筋混凝土受弯构件两条裂缝之间的平均裂缝间距为1.0倍的粘结应力传递长度。(   )

51. 裂缝的开展是由于混凝土的回缩、钢筋的伸长,导致混凝土与钢筋之间产生相对滑移的结果。(   )

52. 《混凝土标准》定义的裂缝宽度是指构件外表面上混凝土的裂缝宽度。(   )

53. 当计算最大裂缝宽度超过允许值不多时,可以通过增大保护层厚度的方法来解决。(   )

54. 结构的耐久性设计要求与设计使用年限有关。(   )

四、简答题

1. 影响裂缝宽度的主要因素有哪些?减小裂缝宽度的措施有哪些?

2. 裂缝按其成因可分为哪些类型?

五、计算题(按公路桥梁规范进行计算)

1. 已知某桥梁矩形截面钢筋混凝土简支梁的截面尺寸为 $b \times h = 250\text{mm} \times 500\text{mm}$,$a_s = 45\text{mm}$;采用C30混凝土,HRB400级钢筋;在截面受拉区配有纵向抗弯受拉钢筋 3Φ16 ($A_s = 603\text{mm}^2$);永久作用(恒载)产生的弯矩标准值 $M_G = 40\text{kN} \cdot \text{m}$,汽车荷载产生的弯矩标准值 $M_{Q1} = 15\text{kN} \cdot \text{m}$(未计入汽车冲击系数);Ⅰ类环境条件,安全等级为一级。试求:

(1) 钢筋混凝土梁的最大裂缝宽度。

(2) 当配筋改为 2Φ20 ($A_s = 628\text{mm}^2$) 时,求梁的最大弯曲裂缝宽度。

2. 已知某桥梁钢筋混凝土 T 形截面梁，计算跨径 $L=19.5\text{m}$，截面尺寸 $b_f'=1680\text{mm}$，$h_f'=110\text{mm}$，$b=180\text{mm}$，$h=1300\text{mm}$，$h_0=1180\text{mm}$；采用 C30 混凝土，HRB400 级钢筋；在截面受拉区配有纵向受拉钢筋 6Φ32＋6Φ16（$A_s=6031\text{mm}^2$）；永久作用（恒载）产生的弯矩标准值 $M_G=750\text{kN·m}$，汽车荷载产生的弯矩标准值 $M_{Q1}=710\text{kN·m}$（未计入汽车冲击系数）；Ⅰ类环境条件，安全等级为二级。试验算此梁跨中挠度并确定是否应设计预拱度，如需设置，预拱度应设置为多少？

3.4　钢筋混凝土受压构件

一、填空题

1. 按照纵向压力在截面上作用位置的不同，受压构件分为_____受压构件和_____受压构件。

2. 偏心受压构件的纵向钢筋配置方式有两种，分别是_____和_____。

3. 民用建筑中规定，纵向受力钢筋的直径不宜小于_____mm，通常采用的钢筋直径范围为_____。为了保证骨架的刚度，一般宜采用根数_____、直径_____的钢筋。

4. 民用建筑中规定，方形和矩形截面柱中纵向受力钢筋不少于_____根，圆柱中不应少于_____根。

5. 民用建筑中规定，受压构件中的周边箍筋应做成_____。箍筋直径不应小于_____d（d 为纵向受力钢筋的最小直径），且不应小于_____mm。箍筋间距不应大于_____mm 及构件截面的短边尺寸，且不应大于_____d（d 为纵向受力钢筋的最小直径)。

6. 按照箍筋配置方式的不同，钢筋混凝土轴心受压柱可分为两种，分别是_____和_____。

7. 按照轴向力的偏心距和配筋情况的不同，偏心受压构件的破坏可分为_____和_____。

8. 大偏心受压破坏的判定标准是_____。

二、单选题

1. 民用建筑中规定，柱中纵向受力钢筋的净距不应小于（　　）。
   A. 25mm   B. 30mm
   C. 40mm   D. 50mm

2. 柱中全部纵向钢筋的配筋率不宜超过（　　）。
   A. 5%   B. 3%
   C. 2.2%   D. 0.6%

3. 轴心受压柱中，当长细比 $l_0/b \leq$（　　）时，为短柱。
   A. 5   B. 8
   C. 10   D. 15

4. 柱中纵向受力钢筋直径不宜小于（　　）。
   A. 10mm   B. 12mm
   C. 14mm   D. 16mm

5. 一般来讲，在其他情况相同的情况下，配有螺旋箍筋的钢筋混凝土柱同配有普通箍筋的钢筋混凝土柱相比，前者的承载力比后者的承载力（　　）。
   A. 低   B. 高
   C. 相等   D. 不确定

6. 只配螺旋筋的混凝土受压试件，其抗压强度有所提高是因为（　　）
   A. 螺旋筋参与受压
   B. 螺旋筋使混凝土更密实
   C. 螺旋筋使混凝土中不出现内裂缝
   D. 螺旋筋的套箍作用，约束了核心区混凝土的横向变形

7. 在钢筋混凝土轴心受压构件中，混凝土的徐变将使（　　）。
   A. 钢筋应力减小，混凝土应力减小   B. 钢筋应力增大，混凝土应力减小
   C. 钢筋应力增大，混凝土应力增大   D. 混凝土应力增大，钢筋应力减小

8. 关于轴向压力和偏心受压构件受剪承载力的关系，下列说法正确的是（　　）。
   A. 轴向压力会使偏心受压构件的受剪承载力降低
   B. 轴向压力会使偏心受压构件的受剪承载力提高
   C. 轴向压力对偏心受压构件的受剪承载力无影响
   D. 轴向压力与偏心受压构件的受剪承载力的关系不确定

9. 钢筋混凝土大偏压构件的破坏特征是（　　）。
   A. 远侧钢筋受拉屈服，随后近侧钢筋受压屈服，混凝土也被压碎

B. 近侧钢筋受拉屈服，随后远侧钢筋受压屈服，混凝土也被压碎
C. 近侧钢筋和混凝土应力不定，远侧钢筋受拉屈服
D. 远侧钢筋和混凝土应力不定，近侧钢筋受拉屈服

10. 偏心受压柱设计成对称配筋，是为了（　　）。
   A. 方便施工　　　　　　　　B. 节约成本
   C. 计算方便　　　　　　　　D. 节省钢筋

11. 当偏心受压柱截面高度≥600mm时，在柱的侧面应配置直径不小于（　　）的构造钢筋。
   A. 8mm　　　　　　　　　　B. 10mm
   C. 12mm　　　　　　　　　 D. 14mm

12. 柱中的箍筋间距不应大于400mm，且不应大于（　　）d（d为纵向钢筋的最小直径）。
   A. 5　　　　　　　　　　　B. 12
   C. 15　　　　　　　　　　 D. 20

13. 轴心受压构件的稳定系数 φ 主要与（　　）有关。
   A. 混凝土强度　　　　　　　B. 配筋数量
   C. 荷载大小　　　　　　　　D. 长细比

14. 在钢筋混凝土轴心受压柱的正截面承载力计算公式 $N \leqslant N_u = 0.9\varphi(f_c A + f'_y A'_s)$ 中，当纵向钢筋配筋率大于（　　）时，应用混凝土净截面 $A_n = A - A'_s$ 代替构件全截面 A。
   A. 1%　　　　　　　　　　　B. 2%
   C. 2.5%　　　　　　　　　　D. 3%

15. 小偏心受压构件破坏的主要特征是（　　）。
   A. 受压区混凝土压坏，然后受压钢筋受压屈服
   B. 受拉钢筋及受压区钢筋均不屈服，压区混凝土最后压坏
   C. 受拉钢筋及受压钢筋同时屈服，然后压区混凝土压坏
   D. 压区钢筋屈服，压区混凝土压坏，距轴力较远一侧的钢筋未屈服

16. 偏心受压构件界限破坏时（　　）。
   A. 远离轴向力一侧的钢筋屈服比受压区混凝土压碎早发生
   B. 远离轴向力一侧的钢筋屈服比受压区混凝土压碎晚发生
   C. 远离轴向力一侧的钢筋屈服与另一侧钢筋屈服同时发生
   D. 远离轴向力一侧的钢筋屈服与受压区混凝土压碎同时发生

17. 大小偏心受压构件破坏的根本区别在于，当截面破坏时，（　　）。
   A. 受压区混凝土是否被压碎　　B. 受拉区混凝土是否破坏
   C. 受压钢筋是否能屈服　　　　D. 受拉钢筋是否能屈服

18. 判别大偏心受压破坏的本质条件是（　　）。
   A. $\eta e_i > 0.3 h_0$　　　　　　　B. $\eta e_i < 0.3 h_0$
   C. $\zeta \leqslant \zeta_b$　　　　　　　　　D. $\zeta > \zeta_b$

19. 在偏心受压构件正截面承载力计算时，其附加偏心距 e_a 取值为（　　）。

A. 20mm

B. 20mm 和偏心方向截面最大尺寸的 1/30 中的较大值

C. 长边尺寸的 1/30

D. 偏心方向截面最大尺寸的 1/30

20. 矩形截面偏心受压计算中 $e_a = e_i - e_0$，关于 e_a 的说法，下列正确的是（　　）。

A. e_a 是初始偏心距

B. e_a 是指轴向压力作用点至纵向受拉钢筋合理点之间的距离

C. e_a 是轴向力 N 对截面重心的偏心距

D. e_a 是附加偏心距，$e_a = \max(h/30, 20\text{mm})$

21. 民用建筑中规定，偏心受压构件有时需考虑二阶偏心矩的影响，计算公式通过弯矩乘以系数（　　）来调整。

A. ξ_b　　　　　　　　　　　　　B. η_{ns}

C. e_a　　　　　　　　　　　　　D. C_m

22. 在大偏心受压构件中，保证压区钢筋能充分利用的条件是（　　）。

A. $\xi \leq \xi_b$　　　　　　　　　　B. $\xi \geq \xi_b$

C. $\xi \leq \dfrac{2a'_s}{h_0}$　　　　　　　　　D. $\xi \geq \dfrac{2a'_s}{h_0}$

23. 有关偏心受压构件斜截面受剪承载力，下列说法正确的是（　　）。

A. 由于轴向压力 N 的存在，加速了斜裂缝的开展，从而降低了抗剪承载力

B. 当轴向压力 $N > 0.35 f_c A$ 后，抗剪承载力提高不明显

C. 当轴向压力 $N > 0.5 f_c A$ 后，抗剪承载力有明显提高

D. 当轴向压力 $N > 0.5 f_c A$ 后，抗剪承载力呈下降趋势

24. 《混凝土标准》规定，对于偏心受压构件，当轴向压力 N 对截面重心的偏心距 e_0 大于（　　）时，应对构件进行抗裂验算。

A. $0.4h_0$　　　　　　　　　　　　B. $0.5h_0$

C. $0.55h_0$　　　　　　　　　　　D. $0.65h_0$

三、多选题

1. 对受压构件的构造要求，以下说法正确的是（　　）。

A. 采用较高强度的混凝土是经济合理的

B. 不宜采用高强度钢筋

C. 为了避免构件长细比过大，柱截面尺寸不宜过小

D. 采用较高强度的钢筋是经济合理的

2. 有关柱纵向受力钢筋的构造要求，下列说法符合规范规定的是（　　）。

A. 纵向受力钢筋直径通常采用 12~25mm

B. 矩形截面柱至少配置 4 根，圆柱至少配置 6 根

C. 纵向受力钢筋净距不应小于 50mm，且不宜大于 300mm

D. 偏压柱弯矩作用平面的侧面，纵向受力钢筋净距不宜大于 300mm

3. 有关偏心受压柱纵向受力钢筋的配置方式，下列说法正确的是（　　）。

A. 有对称配筋和非对称配筋两种形式

B. 对称配筋构造简单、施工方便、不易出错,非对称配筋反之

C. 对称配筋因用钢量大,故实际工程中通常采用非对称配筋

D. 非对称配筋构造简单、施工方便、不易出错,对称配筋反之

4. 受压构件配置纵向受力钢筋的作用是( )。

A. 协助混凝土受压,减小构件尺寸

B. 承受可能的弯矩及混凝土收缩产生的拉应力

C. 防止构件产生脆性破坏

D. 提高柱的抗剪能力

5. 民用建筑中规定,当柱纵向受力钢筋的配筋率超过 3‰时,对于柱箍筋构造要求,下列说法符合规范规定的是( )。

A. 箍筋直径不应小于 $\frac{1}{4}d$,且不应小于 6mm(d 为纵向钢筋最大直径)

B. 箍筋直径不应小于 $\frac{1}{4}d$,且不应小于 8mm(d 为纵向钢筋最大直径)

C. 箍筋间距不应大于 10d,且不应大于 200mm(d 为纵向钢筋最小直径)

D. 箍筋间距不应大于 12d,且不应大于 250mm(d 为纵向钢筋最小直径)

6. 受压构件中,配置箍筋的作用是( )。

A. 承担剪力和扭矩

B. 防止发生失稳破坏

C. 架立纵向钢筋,防止纵筋压屈

D. 与纵筋一起形成对芯部混凝土的围箍约束

7. 对于钢筋混凝土偏心受压构件,下面说法正确的是( )。

A. 如果 $\xi > \xi_b$,说明是小偏心受压破坏

B. 小偏心受压构件破坏时,拉区、压区钢筋均屈服

C. 大偏心受压构件破坏时,拉区、压区钢筋均屈服

D. 大、小偏心受压构件的判断是依据纵向拉力 N 的作用点的位置

8. 钢筋混凝土轴心受压构件,稳定系数是考虑了( )。

A. 附加弯矩的影响 B. 荷载类型的影响

C. 初始偏心距的影响 D. 构件两端约束情况的影响

四、判断题

1. 受压构件的承载力主要取决于混凝土强度。( )

2. 对于截面形状复杂的构件,不可采用具有内折角的箍筋。( )

3. 柱的长细比愈大,其承载力愈高。( )

4. 在实际工程结构中没有真正的轴心受压构件。( )

5. 轴心受压构件纵向受压钢筋配置得越多越好。( )

6. 小偏心受压破坏的特点是,混凝土先被压碎,远端钢筋没有屈服。( )

五、简答题

1. 在受压构件中配置箍筋的作用是什么？什么情况下需要设置复合箍筋？

2. 轴心受压构件中纵向受力钢筋的作用是什么？矩形截面轴心受压柱和偏心受压柱的纵向受力钢筋是如何布置的？

3. 为何在钢筋混凝土受压构件中宜采用较高强度的混凝土，但不宜选用高强度钢筋？

4. 什么叫对称配筋和非对称配筋？各有何优缺点？

5. 为什么轴心受压长柱的受压承载力低于短柱？承载力计算时如何考虑纵向弯曲的影响？

6. 偏心受压构件正截面承载力计算时，为何要引入附加偏心距？

六、计算题（第 1～6 题按民用建筑规范进行计算，第 7～17 题按公路桥梁规范进行计算）

1. 某现浇钢筋混凝土轴心受压柱，截面尺寸 $b \times h = 400\text{mm} \times 400\text{mm}$，计算高度 $l_0 = 6\text{m}$，承受轴向压力设计值为 $N = 3650\text{kN}$，采用 C40 混凝土，纵筋为 HRB400 级钢筋，求所需纵向受压钢筋的面积 A_s'。

2. 某现浇钢筋混凝土轴心受压柱，截面尺寸 $b \times h = 400\text{mm} \times 400\text{mm}$，计算高度 $l_0 = 6\text{m}$，承受轴向压力设计值为 $N = 3600\text{kN}$，采用 C35 混凝土，纵筋为 HRB400 级钢筋，求所需纵向受压钢筋的面积 A_s'。

3. 某现浇钢筋混凝土轴心受压柱，底层柱截面尺寸 $b \times h = 350\text{mm} \times 350\text{mm}$，计算高度 $l_0 = 5\text{m}$，承受轴向压力设计值为 $N = 2300\text{kN}$，采用 C30 混凝土，配有 8⌀25（$A_s' = 3927\text{mm}^2$）的纵向受力钢筋，复核此柱的承载力是否足够。

4. 已知某框架结构二层边柱，为方形截面偏心受压柱，截面尺寸 $b \times h = 400\text{mm} \times 400\text{mm}$，柱的计算长度 $l_0 = 6\text{m}$，$a_s = a_s' = 40\text{mm}$，混凝土强度等级为 C35，采用 HRB400 级钢筋，在最不利荷载组合下，按结构弹性分析得到柱端截面内力设计值为：柱顶截面弯矩设计值 $M = 120\text{kN} \cdot \text{m}$（柱外侧受拉），柱底截面弯矩设计值 $M = 180\text{kN} \cdot \text{m}$（柱外侧受拉），轴心压力设计值 $N = 600\text{kN}$，试按对称配筋进行截面设计。

5. 已知某框架结构方形截面偏心受压柱，截面尺寸 $b \times h = 400\text{mm} \times 400\text{mm}$，柱的计算长度 $l_0 = 6\text{m}$，$a_s = a_s' = 40\text{mm}$，混凝土强度等级为 C35，采用 HRB400 级钢筋，在考虑二阶效应后，柱控制截面弯矩设计值 $M = 160\text{kN} \cdot \text{m}$，轴心压力设计值 $N = 1500\text{kN}$，试按对称配筋进行截面设计。

6. 某偏心受压柱，截面尺寸 $b \times h = 400\text{mm} \times 500\text{mm}$，采用 C30 混凝土，HRB400 级钢筋，柱子计算长度 $l_0 = 4500\text{mm}$，承受轴向压力设计值 $N = 500\text{kN}$，考虑二阶效应后的柱控制截面弯矩设计值为 $M = 210\text{kN} \cdot \text{m}$。求对称配筋时纵向受力钢筋的截面面积（采用直径为 16mm 的钢筋来确定钢筋根数），并画出配筋图。（提示：$f_c = 14.3\text{N/mm}^2$，$\alpha_1 = 1.0$，$f_y = f_y' = 360\text{N/mm}^2$，$\xi_b = 0.518$，$a_s = a_s' = 40\text{mm}$）

7. 已知某轴心受压桥墩的截面尺寸为 $b \times h = 250\text{mm} \times 250\text{mm}$，墩高 $l = 7\text{m}$，墩的两端固定，轴力组合设计值 $N_d = 900\text{kN}$，采用 C30 级混凝土，HRB400 级钢筋，安全等级为二级，Ⅰ类环境条件，设计使用年限为 100 年，试进行截面设计。

8. 已知某水平预制的钢筋混凝土轴心受压桥墩的截面尺寸为 $b \times h = 300\text{mm} \times 350\text{mm}$，计算长度 $l_0 = 4.5\text{m}$，轴力组合设计值 $N_d = 1600\text{kN}$，采用 C30 级混凝土，HRB400 级钢筋，安全等级为二级，Ⅰ类环境条件，设计使用年限为 100 年，试进行截面设计。

9. 某钢筋混凝土轴心受压桥墩的计算长度 $l_0=8$m，拟采用方形截面，C30 级混凝土，HRB400 级钢筋，承受轴向力组合设计值 $N_d=3500$kN，安全等级为一级，Ⅰ类环境条件，设计使用年限为 100 年，试进行截面设计和截面复核。

10. 某轴心受压桥墩截面尺寸为 $b\times h=250$mm$\times 250$mm，桥墩计算长度 $l_0=5$m，采用 C30 级混凝土，HRB400 级钢筋，截面配筋如图所示，安全等级为二级，Ⅰ类环境条件，设计使用年限为 100 年，轴力组合设计值 $N_d=560$kN，试进行截面复核。

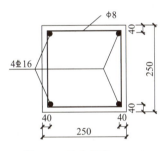

题 10 （尺寸单位：mm）

11. 某轴心受压桥墩截面尺寸为 $b\times h=350$mm$\times 350$mm，桥墩计算长度 $l_0=4.8$m，采用 C30 级混凝土，HRB400 级钢筋，截面配筋如图所示，安全等级为二级，Ⅰ类环境条件，设计使用年限为 100 年，试计算该构件能够承受的最大轴向力设计值。

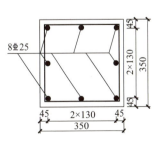

题 11 （尺寸单位：mm）

12. 有一圆形截面桥墩，直径 $d=450$mm，计算长度 $l_0=3$m，采用 C30 级混凝土，纵向钢筋采用 HRB400，箍筋采用 HPB300，Ⅰ类环境条件，安全等级为二级，设计使用年限为 100 年，轴向压力组合设计值 $N_d=2100$kN，试按螺旋箍筋柱进行截面设计。

13. 有一圆形截面桥梁墩柱，拟采用螺旋箍筋柱，柱高 5.5m，两端均为固接，采用 C30 级混凝土，纵向钢筋采用 HRB400，箍筋采用 HPB300，Ⅰ类环境条件，安全等级为二级，设计使用年限为 100 年，轴向压力组合设计值 $N_d=1890$kN，求此柱的截面尺寸并配筋。

14. 圆形截面轴心受压桥墩直径 $d=400$mm，计算长度 $l_0=2.5$m，采用 C30 级混凝土，纵向钢筋采用 8Φ18，箍筋采用 ϕ10，箍筋间距 $s=60$mm，纵向受力钢筋保护层厚度 $c=35$mm，Ⅰ类环境条件，安全等级为二级，设计使用年限为 100 年，轴向压力组合设计值 $N_d=2000$kN，试进行截面复核。

15. 某桥梁墩柱采用圆形截面螺旋箍筋柱，直径 $d=350$mm，计算长度 $l_0=2.4$m，采用 C30 级混凝土，纵向钢筋采用 6⌀20，箍筋采用 ϕ8，箍筋间距 $s=50$mm，混凝土保护层厚度 $c=30$mm，Ⅰ类环境条件，安全等级为二级，设计使用年限为 100 年，轴向压力组合设计值 $N_d=2000$kN，试求该构件能承受的最大轴向力设计值。

16. 某矩形截面偏心受压桥墩截面尺寸 $b \times h = 400$mm$\times 500$mm，计算长度 $l_0=4$m，承受轴向力设计值 $N_d=600$kN，弯矩设计值 $M_d=300$kN·m，拟采用 C30 级混凝土，HRB400 级钢筋，箍筋采用 ϕ8。Ⅰ类环境条件，安全等级为二级，设计使用年限为 50 年。试进行对称配筋计算并复核承载力。

17. 某矩形截面偏心受压桥墩截面尺寸 $b \times h = 400$mm$\times 600$mm，计算长度 $l_0=4.5$m，承受轴向力设计值 $N_d=3000$kN，弯矩设计值 $M_d=235$kN·m，拟采用 C30 级混凝土，HRB400 级钢筋，箍筋采用 ϕ8。Ⅰ类环境条件，安全等级为二级，设计使用年限为 100 年。试进行对称配筋计算。

3.5 钢筋混凝土受拉构件

一、单选题

1. 截面相同、材料相同的轴心受拉构件，配筋率高的构件比配筋率低的构件出现裂缝的时间（　　）。
   A. 早　　　　　　　　　　　　B. 晚
   C. 差不多　　　　　　　　　　D. 无法确定

2. 当轴向拉力 N 作用在纵向钢筋 A_s 和 A_s' 之外，且 N 对截面重心的偏心距 e_0 满足（　　）时，属于大偏心受拉构件。
   A. $e_0 > h_0/2 - a_s$　　　　　　B. $e_0 < h_0/2 - a_s$
   C. $e_0 > h_0/2 - a_s$　　　　　　D. $e_0 < h_0/2 - a_s$

3.6 钢筋混凝土受扭构件

一、填空题

1. 受扭纵筋应沿构件截面周边_____布置，受扭纵筋间距不应大于_____mm，也不应大于截面_____长度。
2. 受扭钢筋的接头和锚固要求均应按照_____的相应要求考虑。
3. 受扭箍筋必须做成_____式，箍筋末端弯折_____，弯钩平直段长度不应小于_____d（d 为箍筋直径）。
4. 受扭构件中受扭钢筋由_____和_____组成。
5. 弯剪扭复合受扭构件的三种破坏形态分别为_____、_____和_____。
6. 根据抗扭钢筋配置量的不同，纯扭构件的破坏形态分为_____、_____和_____。
7. 在弯剪扭构件中通过_____来考虑弯矩、剪力、扭矩共同作用的影响。

二、单选题

1. 在钢筋混凝土受扭构件设计时，为保证受扭纵筋和箍筋都能达到屈服，《混凝土标准》规定，受扭纵筋和箍筋的配筋强度比 ζ 应满足（　　）。
   A. $0.5 < \zeta < 1.0$　　　　　　B. $0.5 < \zeta < 2.0$
   C. $1.0 < \zeta < 1.2$　　　　　　D. $0.6 < \zeta < 1.7$

2. 下列关于钢筋混凝土弯剪扭构件的叙述中，不正确的是（　　）。
   A. 扭矩的存在对构件的抗扭承载力有影响
   B. 剪力的存在对构件的抗扭承载力没有影响
   C. 弯矩的存在对构件的抗扭承载力有影响
   D. 扭矩的存在对构件的抗剪承载力有影响

3. 钢筋混凝土受扭构件，受扭纵筋和箍筋的配筋强度比 $0.6 < \zeta < 1.7$，说明当构件破

坏时，（   ）。

A. 纵筋和箍筋都能达到屈服　　　　B. 仅箍筋达到屈服

C. 仅纵筋达到屈服　　　　　　　　D. 纵筋和箍筋都不能达到屈服

4.《混凝土标准》对于剪扭构件承载力计算采用的计算模式是（   ）。

A. 混凝土和钢筋均考虑相关关系

B. 混凝土和钢筋均不考虑相关关系

C. 混凝土不考虑相关关系，钢筋考虑相关关系

D. 混凝土考虑相关关系，钢筋不考虑相关关系

5. 钢筋混凝土 T 形和 I 形截面剪扭构件可划分为矩形块计算，此时（   ）。

A. 腹板承受全部的剪力和扭矩

B. 翼缘承受全部的剪力和扭矩

C. 剪力由腹板承受，扭矩由腹板和翼缘共同承受

D. 扭矩由腹板承受，剪力由腹板和翼缘共同承受

6. 矩形截面抗扭纵筋布置首先是考虑角隅处，然后考虑（   ）。

A. 截面长边中点　　　　　　　　　B. 截面短边中点

C. 截面中心点　　　　　　　　　　D. 无法确定

7. 受扭构件的配筋方式可为（   ）。

A. 仅配置抗扭箍筋

B. 配置抗扭箍筋和抗扭纵筋

C. 仅配置抗扭纵筋

D. 仅配置与裂缝方向垂直的 45°方向的螺旋状钢筋

8. 关于受扭构件中的抗扭纵筋的说法不正确的是（   ）。

A. 应尽可能均匀地沿截面周边对称布置

B. 在截面的四角可以设抗扭纵筋也可以不设抗扭纵筋

C. 在截面的四角必须设抗扭纵筋

D. 抗扭纵筋间距不应大于 300mm，也不应大于截面短边尺寸

9. 对受扭构件中的箍筋，正确的叙述是（   ）。

A. 箍筋可以是开口的，也可以是封闭的

B. 箍筋必须封闭且焊接连接，不得搭接

C. 箍筋必须封闭，但箍筋的端部应做成 135°的弯钩，弯钩末端的直线长度不应小于 $5d$ 和 50mm

D. 箍筋必须采用螺旋箍筋

10. 钢筋混凝土纯扭构件的破坏形状正确的是（   ）。

A. 呈 45°的螺旋面　　　　　　　　B. 沿水平面破坏

C. 沿铅垂面破坏　　　　　　　　　D. 沿斜面破坏

11. 受扭纵筋的间距不应大于（   ）。

A. 100mm　　　　　　　　　　　　B. 200mm

C. 250mm　　　　　　　　　　　　D. 300mm

12. 受扭箍筋应为（   ）。

A. 开口式 B. 封闭式
C. 复合式 D. 倾斜式

13. 受扭纵向钢筋的布置应沿截面（　　）。
   A. 上面布置 B. 上下面均匀布置
   C. 下面布置 D. 周边均匀布置

14. 弯剪扭构件的少筋破坏主要是通过（　　）来避免的。
   A. 设计计算 B. 限制纵筋用量
   C. 限制截面尺寸 D. 按构造要求配置钢筋

15. 纯扭构件的剪应力最大值出现在（　　）。
   A. 截面长边中点 B. 截面短边中点
   C. 截面中心 D. 截面四大角

16. 钢筋混凝土构件抗扭承载力计算时，其截面核心区 A_{cor} 是指（　　）。
   A. 纵筋内表面围成的区域 B. 箍筋外表面围成的区域
   C. 箍筋内表面围成的区域 D. 箍筋中心线围成的区域

17. 对于钢筋混凝土弯剪扭构件，为避免少筋破坏，其最小配箍率应满足（　　）。
   A. $\rho_{vt} \geqslant \rho_{vt,min} = 0.24 \dfrac{f_t}{f_{yv}}$ B. $\rho_{vt} \geqslant \rho_{vt,min} = 0.28 \dfrac{f_t}{f_{yv}}$
   C. $\rho_{vt} \geqslant \rho_{vt,min} = 0.35 \dfrac{f_t}{f_{yv}}$ D. $\rho_{vt} \geqslant \rho_{vt,min} = 0.4 \dfrac{f_t}{f_{yv}}$

18. 受扭构件的配筋方式可为（　　）。
   A. 仅配置抗扭箍筋 B. 仅配置抗扭纵筋
   C. 配置抗扭箍筋和抗扭纵筋 D. 仅配置螺旋状钢筋

三、多选题

1. 下列属于受扭构件的是（　　）。
   A. 现浇框架边梁 B. 螺旋楼梯
   C. 雨篷梁 D. 平面曲梁

2. 受扭构件是由（　　）来抵抗由外荷载产生的扭矩。
   A. 混凝土 B. 抗扭箍筋
   C. 弯起钢筋、架立筋 D. 抗扭纵筋

3. 有关受扭构件的抗扭箍筋的构造要求，下列说法正确的是（　　）。
   A. 应为封闭式箍筋 B. 末端应为135°弯钩
   C. 应为四肢箍 D. 末端应有不小于 $5d$ 的平直段

4. 下列构件属于受扭构件的是（　　）。
   A. 雨篷梁 B. 边框架梁
   C. 框架梁 D. 挑梁

四、判断题

1. 素混凝土纯扭构件的抗扭承载力可表达为 $T_{cr} = 0.7 f_t W_t$，该公式是在塑性分析方

法基础上建立起来的。（　　）

2. 受扭构件设计时，为了使纵筋和箍筋都能较好地发挥作用，纵向钢筋与箍筋的配筋强度比值应满足：$0.6<\zeta<1.7$。（　　）

3. 在混凝土纯扭构件中，混凝土的抗扭承载力和箍筋与纵筋是完全独立的变量。（　　）

4. 受扭构件上的裂缝，在总体上呈螺旋形，但不是连续贯通的，而是断断续续的。（　　）

5. 在钢筋混凝土弯扭构件中，不作抗扭强度计算的判别式是 $T_c \leqslant 0.7 f_t W_t$。（　　）

6. 弯剪扭构件中，当剪力和扭矩均不能忽略时，纵向钢筋应分别按受弯构件的正截面受弯承载力和剪扭构件的受扭承载力所需的钢筋截面面积进行配置，箍筋应分别按剪扭构件的受剪承载力和受扭承载力所需的箍筋截面面积进行配置。（　　）

7. 钢筋混凝土弯剪扭构件中，弯矩的存在对构件的抗剪承载力没有影响。（　　）

8. 钢筋混凝土弯剪扭构件中，剪力的存在对构件的抗扭承载力没有影响。（　　）

9. 钢筋混凝土弯剪扭构件中，扭矩的存在对构件的抗剪承载力没有影响。（　　）

10. 钢筋混凝土弯扭构件中，弯矩的存在对构件的抗扭承载力没有影响。（　　）

11. 钢筋混凝土构件在弯矩、剪力和扭矩共同作用下的承载力计算时，其所需要的箍筋由受弯构件斜截面承载力计算所得的箍筋与纯剪构件承载力计算所得的箍筋叠加，且两种公式中均不考虑剪扭的相互影响。（　　）

12.《混凝土标准》对于剪扭构件承载力计算采用的计算模式是混凝土和钢筋均考虑相关关系。（　　）

13. 在钢筋混凝土受扭构件设计时，《混凝土标准》要求，受扭纵筋和箍筋的配筋强度比应不受限制。（　　）

14. 构件中的抗扭纵筋应尽可能沿截面周边布置。（　　）

15. 在受扭构件中配置的纵向钢筋和箍筋可以有效地延缓构件的开裂，从而大大提高开裂扭矩值。（　　）

16. 钢筋混凝土构件受扭时，核心部分的混凝土起主要抗扭作用。（　　）

17. 受扭构件中抗扭钢筋有纵向钢筋和横向箍筋，它们在配筋方面可以互相弥补，即一方配置少时，可由另一方多配置一些钢筋以承担少配筋一方所承担的扭矩。（　　）

18. 架立筋与梁侧面构造钢筋不可以作为受扭纵筋利用。（　　）

19. 弯剪扭构件的弯矩、剪力、扭矩的承载力之间存在的相关性会导致构件承载力的降低。（　　）

20. 受扭纵向钢筋的锚固应满足受拉钢筋的构造要求。（　　）

21. 纯扭构件的配筋率越高，其开裂扭矩越大。（　　）

五、简答题

1. 什么是受扭构件？试列举实际工程中的受扭构件。

2. 什么是弯扭相关性？导致构件产生弯扭相关性的原因是什么？

3. 简述钢筋混凝土弯剪扭构件的配筋计算思路。

4. 受扭构件箍筋为什么要做成封闭式？

5. 简述钢筋混凝土受扭构件的受力特点。

6. 简述钢筋混凝土受扭构件的破坏形式。它们各有何特点？

7. 在剪扭构件中为何要引入系数 β_t？

8. 受扭箍筋必须采用封闭式，箍筋末端弯折 135°，弯钩端头平直段长度不应小于 $10d$，试解释其原因。

3.7 预应力混凝土构件

一、填空题

1. 根据预加应力值大小对构件截面裂缝控制程度的不同，预应力混凝土构件可分为_____和_____两类。
2. 先张法适应于_____构件，而后张法适应于_____构件。
3. 预应力混凝土构件的应力松弛在最初的一个小时内完成总松弛值的_____，一天内可完成_____，以后逐渐减小。
4. 对于应力松弛引起的预应力损失，其减小措施有_____和_____的施工方法。
5. 对于先张法预应力混凝土构件，预应力钢筋的净距不应小于其公称直径的_____倍，且不小于粗骨料最大粒径的_____倍。
6. 在预应力钢筋锚具下及张拉设备的支承处，应设置_____，并设置_____和附加构造钢筋。

二、单选题

1. 其他条件相同时，预应力混凝土构件的延性比普通混凝土构件的延性（   ）。
   A. 好　　　　　　　　　　　　B. 差
   C. 相同　　　　　　　　　　　D. 不确定
2. 有关先张法预应力混凝土构件的主要工艺过程，下列说法正确的是（   ）。
   A. 浇筑混凝土并养护→张拉钢筋并锚固→往孔道内压力注浆

B. 张拉钢筋并锚固→浇筑混凝土并养护→往孔道内压力注浆
C. 穿钢筋→张拉钢筋→切断预应力钢筋→浇筑混凝土并养护
D. 穿钢筋→张拉钢筋→浇筑混凝土并养护→切断预应力钢筋

3. 后张法施工较先张法的优点是（　　）。
   A. 不需要台座、不受地点限制　　　B. 工序少
   C. 工艺简单　　　　　　　　　　　D. 锚具可重复利用

4. 民用建筑中规定，后张法预应力混凝土构件张拉钢筋时，其混凝土强度必须达到设计值的（　　）以上。
   A. 60%　　　　　　　　　　　　　B. 70%
   C. 75%　　　　　　　　　　　　　D. 80%

5. 《混凝土标准》规定，预应力钢筋的张拉控制应力不宜超过规定的张拉控制应力限值，且不应小于（　　）。
   A. $0.3f_{ptk}$　　　　　　　　　　B. $0.4f_{ptk}$
   C. $0.5f_{ptk}$　　　　　　　　　　D. $0.6f_{ptk}$

6. 对于直径 d 大于（　　）的环形构件，可不考虑采用螺旋预应力钢筋局部挤压引起的预应力损失。
   A. 2m　　　　　　　　　　　　　　B. 3m
   C. 3.5m　　　　　　　　　　　　　D. 4m

7. 先张法预应力混凝土构件的预应力钢筋，当采用3股钢绞线时，其钢筋净距不应小于（　　）。
   A. 10mm　　　　　　　　　　　　B. 15mm
   C. 20mm　　　　　　　　　　　　D. 30mm

8. 后张法预应力混凝土构件中，其预应力钢丝束的预留孔道间水平净距不应小于（　　），且不宜小于粗骨料粒径的1.25倍。
   A. 25mm　　　　　　　　　　　　B. 30mm
   C. 40mm　　　　　　　　　　　　D. 50mm

9. 后张法预应力混凝土构件中，构件两端及跨中应设置灌浆孔或排气孔，孔距不宜大于（　　）。
   A. 8m　　　　　　　　　　　　　　B. 10m
   C. 12m　　　　　　　　　　　　　D. 15m

10. 条件相同的钢筋混凝土轴拉构件和预应力混凝土轴拉构件相比较，（　　）。
    A. 前者的抗裂度比后者差　　　　　B. 前者的承载力低于后者
    C. 前者与后者的承载力和抗裂度相同　D. 三种可能都有

11. 先张法预应力混凝土构件，为防止构件端部局部破坏，当多根预应力钢筋分散布置时，应在其端部（　　）d（d为预应力钢筋直径）范围内布置3～5片与预应力钢筋垂直的钢筋网片。
    A. 5　　　　　　　　　　　　　　B. 10
    C. 12　　　　　　　　　　　　　 D. 15

三、多选题

1. 预应力混凝土结构的主要优点是（　　）。
   A. 耐久性好、抗裂能力强　　　　　　B. 节省材料、减轻自重
   C. 刚度大、跨越能力强　　　　　　　D. 提高了的抗弯能力
2. 预应力混凝土结构的混凝土应满足（　　）。
   A. 收缩与徐变小　　　　　　　　　　B. 强度等级不低于C20
   C. 快硬早强　　　　　　　　　　　　D. 便于施工、价格低廉
3. 全预应力混凝土构件在使用条件下，构件截面混凝土（　　）。
   A. 允许出现裂缝，但宽度不超过允许值
   B. 不允许出现拉应力
   C. 在准永久荷载组合下，允许出现拉应力
   D. 不允许出现裂缝
4. 产生预应力混凝土构件预应力损失的主要原因包括（　　）。
   A. 收缩和徐变　　　　　　　　　　　B. 张拉端锚具变形
   C. 摩擦损失及温差损失　　　　　　　D. 应力松弛
5. 为减小预应力钢筋由于锚具变形和钢筋内缩引起的预应力损失，可采取的措施是（　　）。
   A. 选择变形小的锚具　　　　　　　　B. 采用超张拉
   C. 增加台座长度　　　　　　　　　　D. 采用两端张拉
6. 对于钢筋应力松弛引起的预应力的损失，下面说法正确的是（　　）。
   A. 应力松弛与张拉控制应力的大小有关，张拉控制应力越大，松弛越小
   B. 应力松弛与钢筋品种有关系
   C. 进行超张拉可以减小应力松弛引起的预应力损失
   D. 应力松弛与时间有关系

四、判断题

1. 预应力混凝土结构可以避免构件裂缝的过早出现。（　　）
2. 对于全预应力混凝土构件，在使用荷载作用下，其受拉边缘允许出现不超过规定值的拉应力，且严格要求不出现裂缝。（　　）
3. 采用两端张拉、超张拉可以减小预应力钢筋与孔道壁之间的摩擦引起的损失。（　　）
4. 对于先张法构件，若在钢模上张拉钢筋，且将钢模与构件一起养护，则可不考虑混凝土养护引起的预应力损失。（　　）
5. 由张拉锚具变形和钢筋内缩引起的预应力损失只发生于先张法构件。（　　）
6. 为防止预应力构件在制作、运输、吊装时在预拉区出现裂缝，可在预应力钢筋外侧布置一定数量的非预应力钢筋。（　　）

五、简答题

1. 预应力混凝土的基本原理是什么?

2. 何为预应力?预应力混凝土结构的优缺点是什么?

3. 什么是张拉控制应力?为什么要规定张拉控制应力的上限值?

4. 预应力损失包括哪些?如何减小各项预应力损失值?

5. 为防止先张法构件端部混凝土出现劈裂裂缝,其预应力钢筋端部周围混凝土可采取哪些局部加强措施?

6. 为何钢筋混凝土构件采用高强度钢筋不合理,而预应力混凝土构件必须采用高强度材料?

7. 施加预应力的方法有哪几种?各有何优缺点?

教学单元3 混凝土基本构件

教学单元4 钢筋混凝土梁板结构

知识点小结

一、楼盖的类型

1. 钢筋混凝土楼盖的类型和特点

钢筋混凝土楼盖按其施工方法可分为现浇整体式、装配式和装配整体式三种类型：

（1）现浇整体式楼盖：整体刚度大，整体性、抗震性和防水性能均好，缺点是模板用量多且周转较慢，施工湿作业量较大，人工用量大，环境污染大，工期较长。

（2）装配式楼盖：有利于工业化生产、机械化施工和加快施工进度，但整体性、抗震性、防水性都较差，不便于开设孔洞。

（3）装配整体式楼盖：是指在预制板上现浇一混凝土叠合层而成为一个整体。这种楼盖兼有现浇整体式楼盖整体性好和装配式楼盖节省模板和支撑的优点，但需要进行混凝土二次浇筑，有时还需要增加焊接工作量。

2. 常用的现浇钢筋混凝土楼盖类型

（1）肋形楼盖
（2）井式楼盖
（3）密肋楼盖
（4）无梁楼盖

二、现浇钢筋混凝土单向板肋形楼盖

1. 单向板肋形楼盖的结构平面布置方案及其特点

单向板肋形楼盖的结构平面布置方案通常有以下三种：

（1）主梁横向布置，次梁纵向布置

房屋横向抗侧移刚度大，整体性较好，纵墙上窗户高度可开得大些，对室内采光有利。

（2）主梁纵向布置，次梁横向布置

房屋横向抗侧移刚度小，但减小了主梁的截面高度，增大了室内净高，适用于横向柱距比纵向柱距大得多的情况。

（3）只布置次梁

仅适用于房间进深较小的情况。

2. 连续梁（板）与简支梁（板）的受力特点对比

（1）连续梁的跨中弯矩和挠度都小于简支梁；

（2）连续梁（板）的弯矩存在反弯点，跨中下部受拉，支座处上部受拉，且连续梁支座截面的弯矩仍然很大。

3. 连续梁（板）的最不利可变荷载布置

（1）求某跨跨中截面最大正弯矩：应在本跨布置可变荷载，然后隔跨布置。

（2）求某跨跨中截面最小正弯矩：本跨不布置可变荷载，而在相邻跨布置可变荷载，然后隔跨布置。

（3）求某支座截面最大负弯矩：在该支座左右两跨布置可变荷载，然后隔跨布置。

（4）求某支座左、右截面的最大剪力：可变荷载布置与求某支座截面最大负弯矩时相同，即在该支座左右两跨布置可变荷载，然后隔跨布置。

4. 包络图

（1）包络图的定义

每一种可变荷载最不利布置，都有一种对应的内力图（包括弯矩图和剪力图）。将所有可变荷载最不利布置时的同种内力图，按同一比例画在同一基线上，所得的图形称为内力叠合图，内力叠合图的外包线即为内力包络图。内力包络图包括有弯矩包络图和剪力包络图两种。

（2）包络图的应用

无论可变荷载处于何种位置，截面上的内力都不会超过包络图的范围。弯矩包络图是连续梁纵向受力筋数量计算和确定纵筋截断位置的依据，剪力包络图是箍筋数量计算和配置的依据。

5. 塑性铰

当梁某个截面达到承载力极限状态时，它所承担的弯矩保持不变，截面中钢筋应力达到屈服强度后也维持不变，但由于钢筋的塑性变形作用，变形急剧增加，梁将绕该截面产生转动，类似一个铰，这个铰实际是梁中塑性变形集中出现的区域，称为塑性铰。

6. 塑性内力重分布

连续梁（板）为超静定结构，当出现塑性铰后，只是多余约束减少，不致变成可变体系，但由于结构各截面间刚度的相对比值发生了变化，各截面的内力分布规律与塑性铰出现以前的分布规律不同，这种由于结构的塑性变形而使结构内力重新分布的现象，称为塑性内力重分布。

钢筋混凝土连续梁塑性内力重分布的基本规律：

（1）钢筋混凝土连续梁达到承载能力极限状态的标志，不是某一截面达到了极限弯矩，而是必须出现足够多的塑性铰，使整个结构形成几何可变体系。

（2）塑性铰出现以前，连续梁的弯矩服从于弹性的内力分布规律；塑性铰出现以后，结构计算简图发生改变，各截面的弯矩的增长率发生变化。

（3）通过控制支座截面和跨中截面的配筋比，可以人为控制连续梁中塑性铰出现的早晚和位置，即控制调幅的大小和方向。

7. 连续板受力钢筋的配筋方式及其特点

连续板受力钢筋的配筋方式有弯起式和分离式两种。

（1）弯起式配筋

指将一部分跨中受力钢筋在支座处弯起作为支座负弯矩钢筋，不足部分则另加直钢筋补充。弯起式钢筋的特点：钢筋锚固较好，整体性强，节约钢材，但施工较为复杂，目前已很少采用。

（2）分离式配筋

指在跨中和支座全部采用直钢筋，跨中和支座钢筋各自单独配置。分离式配筋的特点：配筋构造简单，但其锚固能力较差，整体性不如弯起式配筋，耗钢量也较多。

三、现浇钢筋混凝土双向板肋形楼盖

1. 双向板的荷载传递划分

双向板受荷载作用，荷载沿板长短跨方向传给四周支承构件，在短跨方向上传递的荷载大于长跨方向。荷载传递以45°角划分板为四块，各块荷载就近传给相应支承构件。长短跨不同时，长边为梯形荷载，短边为三角形荷载；长短跨相同时，两边都为三角形荷载。

2. 双向板短跨与长跨方向上的荷载

在荷载作用下，短跨与长跨两个方向的双向板双向受弯，两个方向的横截面上都作用着弯矩和剪力，且短跨方向的弯矩大于长跨方向。

3. 双向板开裂时的裂缝特点

对于承受均布荷载的四边简支单跨矩形双向板，由于短跨跨中正弯矩较长跨跨中正弯矩大，所以第一批裂缝出现在板底的中部，且平行于长边方向。随着荷载进一步加大，板底跨中裂缝逐渐沿长边延长，并沿45°角向板的四角扩展，板顶四角也出现呈圆形的环状裂缝。最终因板底裂缝处纵向受力钢筋达到屈服，导致板的破坏。

四、装配式混凝土楼盖

1. 装配式混凝土楼盖的构件

（1）预制板

（2）梁

（3）叠合板

2. 装配式楼盖结构平面布置方案

（1）横向布置方案：房屋整体性好，抗震性能好，且纵墙上可以开设较大窗洞。

（2）纵向布置方案：房屋整体性差，抗震性能不如横墙承重方案，在纵墙上开窗洞受到一定限制。

（3）纵横向布置方案：兼具横墙承重方案和纵墙承重方案的优点，其整体性介于横墙承重方案和纵墙承重方案之间。

五、钢筋混凝土楼梯

1. 钢筋混凝土楼梯的类型

（1）按施工方法分类：现浇式和装配式。

(2) 按结构形式和受力特点分类：板式楼梯、梁式楼梯以及一些特种楼梯（如螺旋板式楼梯和悬挑板式楼梯等）。

2. 现浇板式楼梯的组成

(1) 梯段板

(2) 平台板

(3) 平台梁

3. 现浇梁式楼梯的组成

(1) 踏步板

(2) 斜梁

(3) 平台板

(4) 平台梁

4. 装配式楼梯的类型及特点

根据预制构件划分的不同，装配式楼梯可分为小型构件装配式楼梯和大中型构件装配式楼梯两种类型。

(1) 小型构件装配式楼梯

小型构件装配式楼梯是指将踏步板、斜梁、平台梁、平台板分别预制，然后进行现场组装。其施工烦琐，进度较慢，现已很少使用。

(2) 大中型构件装配式楼梯

大中型构件装配式楼梯是指将若干个构件合并预制成一个构件，如将梯段与平台合并预制为一个构件，然后进行现场组装。其构件少，施工过程简单，施工速度快，但构件制作较困难，且需要较大起重设备。

章节练习

一、填空题

1. 为了防止主梁与次梁相交处由于次梁的集中荷载引起局部破坏，应该在该处主梁上设置_____。

2. 楼梯按照结构的受力状态的不同可分为_____、_____、_____和_____四种类型。

3. 现浇整体式楼梯中受力简单，最常用的有_____和_____两种楼梯。

4. 单向板肋形楼盖中板受力钢筋的配筋方式有_____和_____。

5. 《混凝土标准》规定，现浇整体式楼盖中当长边与短边之比满足_____时称为单向板。

6. 现浇钢筋混凝土楼盖按照楼板受力和支承条件可以分为_____、_____、_____和_____等。

7. 钢筋混凝土楼盖按其施工方法可以分为_____、_____和_____。

8. 钢筋混凝土连续梁的内力计算方法有_____和_____。

9. 梁支座处由于剪力太大配置箍筋不能满足要求时，可在支座处设置专门的_____。

10. 板内分布钢筋直径不宜小于6mm，常用直径为_____，间距不宜大于_____。

二、单选题

1. 按《混凝土标准》规定，对于四边均有支承的板，当（ ）时按单向板设计。

   A. $\dfrac{l_2}{l_1} \leqslant 1$　　　　　　　　　　B. $\dfrac{l_2}{l_1} \leqslant 2$

   C. $2 < \dfrac{l_2}{l_1} \leqslant 3$　　　　　　　　D. $\dfrac{l_2}{l_1} \geqslant 3$

2. 按《混凝土标准》规定，下列（ ）项应按双向板进行设计。

   A. 宽度为2m，悬挑长度为2.5m的雨篷板

   B. 长短边之比等于4的四边固定板

   C. 长短边之比等于1.5，两短边嵌固，两长边简支

   D. 砖混结构中的预制楼板

3. 在现浇混凝土框架结构中，其单向板肋形楼盖的荷载传递路径正确的是（ ）。

   A. 板→主梁→次梁→柱→基础　　　　B. 板→次梁→主梁→柱→基础

   C. 次梁→主梁→板→柱→基础　　　　D. 板→主梁→柱→次梁→基础

4. 多跨连续梁（板）按弹性理论计算时，为求得某跨跨中最大正弯矩，活荷载应布置在（ ）。

   A. 该跨及相邻跨布置　　　　　　　　B. 该跨，然后隔跨布置

   C. 该跨左右相邻各跨，然后隔跨布置　D. 所有跨均布置

5. 多跨连续梁（板）按弹性理论计算，为求得某支座处最大负弯矩，活荷载应该布置在（ ）。

   A. 该支座左跨，然后隔跨布置　　　　B. 该支座右跨，然后隔跨布置

   C. 该支座左右相邻跨，然后隔跨布置　D. 所有跨均布置

6. 5跨等跨连续梁，现求第2跨跨中最大弯矩，活荷载应布置在（ ）跨。

   A. 1，3，5　　　　　　　　　　　　B. 1，2，4

   C. 2，4　　　　　　　　　　　　　　D. 1，3

7. 5跨等跨连续梁，现求第2跨左端支座最大剪力，活荷载应布置在（ ）跨。

   A. 1，2，3　　　　　　　　　　　　B. 1，3，4

   C. 1，3，5　　　　　　　　　　　　D. 1，2，4

8. 某5跨的钢筋混凝土连续梁，当出现（ ）个塑性铰时，将因结构成为几何可变体系而破坏。

   A. 2　　　　　　　　　　　　　　　B. 3

   C. 4　　　　　　　　　　　　　　　D. 5

9. 以下选项中，不属于板的构造钢筋的是（ ）。

   A. 板的分布钢筋

   B. 与梁（墙）整浇或嵌固于砌体墙的板，在板边上部设置的钢筋

   C. 箍筋或弯起筋

D. 单向板中与主梁垂直的上部钢筋

10. 钢筋混凝土板收缩时，板中的混凝土将产生（　　）。
    A. 拉应力　　　　　　　　　　　　B. 压应力
    C. 不产生应力　　　　　　　　　　D. 无法确定

11. 钢筋混凝土板受力钢筋的间距不应小于（　　）。
    A. 60mm　　　　　　　　　　　　　B. 70mm
    C. 80mm　　　　　　　　　　　　　D. 100mm

12. 板未配钢筋表面的温度收缩钢筋，其配筋率不宜小于（　　）。
    A. 0.1%　　　　　　　　　　　　　B. 0.15%
    C. 0.2%　　　　　　　　　　　　　D. 0.25%

13. 简支板或连续板下部纵向受力钢筋伸入支座的锚固长度不应小于（　　）。
    A. $3d$　　　　　　　　　　　　　B. $5d$
    C. $10d$　　　　　　　　　　　　　D. $12d$
    （d 为下部纵向受力钢筋的直径）

14. 嵌入墙内板的板面构造钢筋间距不应大于（　　）。
    A. 150mm　　　　　　　　　　　　 B. 200mm
    C. 250mm　　　　　　　　　　　　 D. 300mm

15. 单向板中，应布置与主梁垂直的板面构造钢筋，下列（　　）项说法满足规范要求。
    A. 间距不大于150mm，其直径不应小于6mm
    B. 间距不大于200mm，其直径不应小于6mm
    C. 间距不大于200mm，其直径不应小于8mm
    D. 间距不大于250mm，其直径不应小于8mm

16. 现浇钢筋混凝土单向板肋梁楼盖的主次梁相交处，在主梁中设置附加横向钢筋的目的是（　　）。
    A. 提高此处主梁抗拉承载力　　　　B. 提高此处主梁抗弯承载力
    C. 防止主梁产生过大的挠度　　　　D. 防止主梁由于斜裂缝引起的局部破坏

17. 对于承受梁下部或截面高度范围内集中荷载的附加横向钢筋，下列说法正确的是（　　）。
    A. 集中荷载全部由附加箍筋或附加吊筋承担，或同时由附加箍筋和吊筋承担
    B. 附加箍筋可代替剪跨内一部分受剪箍筋
    C. 附加吊筋如满足弯起钢筋计算面积的要求，可代替一道弯起钢筋
    D. 附加吊筋的作用如同鸭筋

18. 有关主次梁交接处主梁的附加横向钢筋配置要求，下列说法正确的是（　　）。
    A. 可配置附加箍筋或附加吊筋，但优先采用附加吊筋
    B. 附加吊筋可用鸭筋代替
    C. 附加横向钢筋应布置在长度 $s = h_1 + 3b$ 之内
    D. 第一道附加箍筋距次梁边 50mm

19. 按照弹性方法设计的连续梁板，当其各跨跨度不等，但相邻两跨计算跨度相差小

于10%时,仍可作为等跨计算;这时,计算支座截面弯矩应按( )计算。
A. 相邻两跨计算跨度的较大值   B. 相邻两跨计算跨度的较小值
C. 相邻两跨计算跨度的平均值   D. 无法确定

20. 两端搁置在砖墙上的单跨板,按塑性理论计算时,计算跨度l_0等于( )。
A. 当$a \leq 0.1l_c$时,$l_0=l_c$ B. 当$a \leq 0.1l_c$时,$l_0=l_n$
C. 当$a > 0.1l_c$时,$l_0=1.025l_n$ D. 当$a > 0.1l_c$时,$l_0=1.15l_n$
(其中a——支座支承长度,l_c——支座中心间距,l_n——净跨度)

21. 两端均与梁整浇的单跨板,按塑性理论计算时,计算跨度l_0取( )。
A. l_0 B. $l_0=l_n$
C. $l_n+\dfrac{h}{2}$ D. l_n+h

(h均为板厚)

22. 对于多跨连续板,按塑性理论计算,当边支座为砖墙时,边跨的计算跨度l_0取( )。
A. l_0 B. $l_0=1.025l_n+\dfrac{h}{2}$
C. $l_n+\dfrac{h}{2}$ D. l_n+h

(h均为板厚)

23. 对于多跨连续板,按弹性理论计算,当边支座为砖墙时,边跨的计算跨度l_0取( )。
A. $l_n+\dfrac{b}{2}+\dfrac{a}{2}$ B. $l_n+\dfrac{b}{2}+\dfrac{h}{2}$
C. $l_n+\dfrac{h}{2}$和$l_n+\dfrac{a}{2}$两者中取小值   D. $1.025l_n+\dfrac{b}{2}$

(其中l_n——边跨净跨度,b——板第二支座的宽度,a——边支座支承长度,h——板厚)

24. 两端均搁置在砖墙上的单跨梁,按塑性理论计算时,计算跨度l_0等于( )。
A. 当$a \leq 0.05l_c$时,$l_0=1.025l_c$ B. 当$a \leq 0.05l_c$时,$l_0=1.1l_n$
C. 当$a > 0.05l_c$时,$l_0=1.025l_n$ D. 当$a > 0.05l_c$时,$l_0=1.05l_n$
(其中a——支座支承长度,l_c——支座中心间距,l_n——净跨度)

25. 两端均与主梁整浇的多跨连续次梁,按塑性理论计算时,计算跨度l_0取( )。
A. l_0 B. $l_0=1.025l_n$
C. l_n D. l_n+h(h为板厚)

26. 对于多跨连续梁,按塑性理论计算,当边支座为砖墙时,边跨的计算跨度l_0取( )。
A. $l_n+\dfrac{b}{2}+\dfrac{a}{2}$ B. $1.025l_n+\dfrac{b}{2}$
C. $1.025l_n$和$l_n+\dfrac{a}{2}$两者中较小值   D. $1.025l_n$

(其中l_n——边跨净跨度,b——梁第二支座的宽度,a——边支座支承长度)

27. 对于多跨连续梁，按弹性理论计算，当边支座为砖墙时，边跨的计算跨度 l_0 取（ ）。

A. $l_n + \dfrac{b}{2} + \dfrac{a}{2}$

B. $1.025 l_n + \dfrac{b}{2}$

C. l_c 和 $1.025 l_n + \dfrac{b}{2}$ 两者中较小值

D. $1.025 l_n$

（其中 l_n——边跨净跨度，l_c——支座中心间距，b——梁第二支座的宽度，a——边支座支承长度）

28. 按弹性方法计算现浇单向肋梁楼盖时，对板和次梁采用折算荷载来进行计算，这是因为考虑到（ ）。

A. 在板的长跨方向能传递一部分荷载
B. 塑性内力重分布的影响
C. 次梁对楼板的弹性约束将减小因活荷载产生的跨中弯矩
D. 拱效应的有利影响

29. 在计算钢筋混凝土肋梁楼盖连续次梁内力时，为考虑主梁对次梁的转动约束，用折算荷载代替实际计算荷载，其做法是（ ）。

A. 减小恒载，增大活载
B. 增大恒载，增大活载
C. 减小恒载，减小活载
D. 增大恒载，减小活载

30. 钢筋混凝土单向板肋梁楼盖板按弹性理论计算时内力时，其荷载（ ）。

A. 按 $g' = g + q/2$，$q' = q/2$ 折算
B. 按 $g' = g + q/4$，$q' = 3q/4$ 折算
C. 不进行荷载折算
D. 不确定

31. 连续梁板按塑性内力重分布方法计算内力时，截面的相对受压区高度应满足（ ）。

A. $\xi \leqslant \xi_b$
B. $\xi \leqslant 0.35$
C. $\xi > \xi_b$
D. $\xi > 0.35$

32. 按弯矩调幅法进行连续板设计时，控制弯矩调幅值，在一般情况下不超过按弹性理论计算所得弯矩值的（ ）。

A. 15%
B. 20%
C. 25%
D. 30%

33. 用弯矩幅法进行计算，调整之后的每个跨度两端支座弯矩 M_A、M_B 与调整后跨中弯矩 M_1，应满足（ ）。

A. $\dfrac{M_0}{2} \geqslant \dfrac{|M_A + M_B|}{3} + M_1$

B. $\dfrac{M_0}{2} \leqslant \dfrac{|M_A + M_B|}{3} + M_1$

C. $M_0 \geqslant \dfrac{|M_A| + |M_B|}{2} + M_1$

D. $M_0 \leqslant \dfrac{|M_A| + |M_B|}{2} + M_1$

（其中 M_0 为简支梁跨中计算弯矩）

34. 某承受均布线荷载的钢筋混凝土连续梁，有四跨且等跨，当采用塑性内力重分布的结果，则其（ ）。

A. 支座弯矩和跨中弯矩都增加
B. 支座弯矩和跨中弯矩都减小
C. 跨中弯矩减少，支座弯矩增加
D. 跨中弯矩增大，支座弯矩减小

35. 按塑性内力重分布理论计算不等跨的多跨连续梁板，当计算跨度相差不超过（　　）%时可近似按等跨连续梁板内力计算系数查表。
   A. 5 B. 10
   C. 15 D. 20

36. 现浇钢筋混凝土单向肋形板的厚度可根据跨度 l_0 估算，一般取其跨度的（　　）。
   A. 1/25 B. 1/30
   C. 1/35 D. 1/40

37. 现浇钢筋混凝土次梁的截面高度 h 可根据其跨度 l_0 估算，一般取其跨度的（　　）。
   A. 1/8～1/12 B. 1/12～1/18
   C. 1/18～1/20 D. 1/20～1/25

38. 现浇钢筋混凝土主梁的截面高度 h 根据跨度 l_0 估算，一般取其跨度的（　　）。
   A. 1/8～1/14 B. 1/12～1/18
   C. 1/18～1/20 D. 1/20～1/25

39. 在单向板肋梁楼盖截面设计中，为了考虑"拱"的有利影响，要对板的中间跨跨中截面及中间支座截面的内力进行折减，其折减系数为（　　）。
   A. 0.8 B. 0.85
   C. 0.9 D. 0.95

40. 钢筋混凝土楼盖中主梁是主要承重构件，应按（　　）计算。
   A. 弹性理论方法 B. 塑性内力重分布
   C. 刚弹性方案 D. 三者都可以

41. 按弹性方法计算主梁内力时，其跨度支座中心线间距，最大负弯矩发生在支座中心处，但此处并非危险截面；实际危险截面应位于支座边缘处，故计算弯矩应按支座边缘处取，则此弯矩 M_b 为（　　）。
   A. $M_b = M - V_b \times \dfrac{b}{3}$ B. $M_b = \dfrac{M}{2} - V_b \times \dfrac{b}{3}$
   C. $M_b = M - V_b \times \dfrac{b}{2}$ D. $M_b = \dfrac{M}{2} - V_b \times b$

（其中 M—支座中心处弯矩，V_b—按简支梁计算的剪力，b—支座的宽度）

42. 现浇钢筋混凝土双向板的厚度 h 可根据跨度 l_0 估算，其跨度应满足（　　）。
   A. $h \geqslant \dfrac{l_0}{30}$ B. $h \geqslant \dfrac{l_0}{35}$
   C. $h \geqslant \dfrac{l_0}{40}$ D. $h \geqslant \dfrac{l_0}{45}$

43. 关于矩形双向板支承梁的荷载分布情况，下列说法正确的（　　）。
   A. 长边梯形分布，短边三角形分布 B. 长边三角形分布，短边梯形分布
   C. 长边、短边均为矩形分布 D. 长边、短边均为梯形分布

44. 无梁楼盖通常采用等厚板，板厚不应小于（　　）。
   A. 100mm B. 120mm
   C. 150mm D. 180mm

45. 对于无梁楼盖，为满足抗冲切的承载力要求，柱顶板处宜配置抗冲切钢筋；当配置箍筋作为抗冲切钢筋时，所需的箍筋及相应的架立筋应配置在与（　　）冲切破坏锥面相交范围之内。

A. 30° B. 45°
C. 50° D. 60°

46. 预制空心板的长度通常按（　　）进级。

A. 100mm B. 200mm
C. 300mm D. 400mm

47. 装配式楼盖铺装板分布支撑在墙上和梁上时，其支撑长度分别不宜小于（　　）。

A. 80mm，80mm B. 80mm，100mm
C. 100mm，80mm D. 120mm，100mm

48. 有关梁式楼梯的荷载传递路径，下列表述正确的是（　　）。

A. 踏步板→平台梁（或层间梁）→斜梁→楼梯间墙（柱）
B. 踏步板→楼梯间墙（柱）→平台梁（或层间梁）→斜梁
C. 踏步板→斜梁→平台梁（或层间梁）→楼梯间墙（柱）
D. 踏步板→楼梯间墙（柱）→斜梁→平台梁（或层间梁）

49. 有关板式楼梯的荷载传递路径，下列表述正确的是（　　）。

A. 斜板→平台梁（或层间梁）→斜梁→楼梯间墙（柱）
B. 斜板→楼梯间墙（柱）→平台梁（或层间梁）→斜梁
C. 斜板→楼梯间墙（柱）→平台梁（或层间梁）
D. 斜板→平台梁（或层间梁）→楼梯间墙（柱）

50. 现浇梁式楼梯踏步板的配筋需按计算确定，且每一级踏步受力钢筋不得少于（　　）。

A. $1\phi6$ B. $2\phi6$
C. $1\phi8$ D. $2\phi8$

51. 板在砌体墙上的支承长度不宜小于（　　）。

A. 100mm B. 120mm
C. 150mm D. 180mm

52. 板中受力钢筋不宜使用的直径为（　　）。

A. 8mm B. 10mm
C. 12mm D. 16mm

53. 下列厚度最适合作为板式楼梯梯段板厚度的是（　　）。

A. 60mm B. 100mm
C. 130mm D. 150mm

54. 现浇梁式楼梯踏步板的最小厚度是（　　）。

A. 20mm B. 30mm
C. 40mm D. 50mm

55. 当梯段跨度在3m以内时，选择（　　）楼梯较为经济合理。

A. 梁式 B. 板式
C. 螺旋式 D. 折板悬挑式

56. 楼梯的特点是下表面平整，施工支模方便，是指的（ ）楼梯。
   A. 梁式　　　　　　　　　　B. 板式
   C. 螺旋式　　　　　　　　　D. 折板悬挑式

57. 楼梯的特点是受力性能好，当梯段较长时较为经济，但其施工不便，是指的（ ）楼梯。
   A. 梁式　　　　　　　　　　B. 板式
   C. 螺旋式　　　　　　　　　D. 折板悬挑式

三、多选题

1. 下列关于混凝土板的计算原则，正确的有（ ）。
   A. 两对边支承板应按单向板计算
   B. 四边支承板的长边和短边计算跨度 l_2、l_1，当满足 $\frac{l_2}{l_1} \leqslant 2$ 时应按双向板计算
   C. 四边支承板的长边和短边计算跨度 l_2、l_1，当满足 $\frac{l_2}{l_1} \geqslant 3$ 时，可按单向板计算
   D. 四边支承板的长边和短边计算跨度 l_2、l_1，当满足 $2 < \frac{l_2}{l_1} < 3$，宜按单向板计算

2. 关于单向板肋梁楼盖的结构平面布置，下列叙述正确的是（ ）。
   A. 主梁横向布置方案，整体性好，外纵墙可开高度大的窗户，有利于室内采光
   B. 主梁横向布置方案，房屋空间刚度较差，而且限制了窗洞的高度
   C. 主梁纵向布置方案，增加了室内净高，但房屋空间刚度较差
   D. 只布置次梁，不布置主梁方案，仅适用房屋进深较小的情况

3. 以下有关活荷载最不利布置的说法，正确的有（ ）。
   A. 当求某跨跨中最大正弯矩时，该跨不布置活荷载，其他隔跨布置
   B. 当求某跨跨中最小弯矩时，该跨不布置活荷载，而在相邻两跨布置，其他隔跨布置
   C. 当求某支座最大负弯矩时，在该支座左右跨布置活荷载，然后隔跨布置
   D. 当求某一支座最大剪力时，在该支座左右跨布置活荷载，然后隔跨布置

4. 对于两跨连续梁的活荷载最不利布置，下列说法正确的是（ ）。
   A. 活荷载两跨满布时，各跨跨中正弯矩最大
   B. 活荷载两跨满布时，中间支座负弯矩最大
   C. 活荷载单跨布置时，中间支座处负弯矩最大
   D. 活荷载单跨布置时，另一跨跨中负弯矩最大

5. 塑性铰的转动能力主要取决于（ ）。
   A. 钢筋种类　　　　　　　　B. 构件的承载能力
   C. 支座与跨中截面配筋比　　D. 截面尺寸

6. 以下有关塑性铰说法，正确的有（ ）。
   A. 塑性铰截面混凝土压区相对高度 ξ 应满足 $0.1 \leqslant \xi \leqslant 0.35$
   B. 塑性铰可承受一定弯矩
   C. 塑性铰可自由转动

D. 支座负弯矩的调幅值不应超过按弹性理论方法计算值的30%

7. 有关钢筋混凝土连续梁塑性内力重分布基本规律，下列说法正确的是（   ）。

A. 连续梁某一截面达到极限弯矩是其达到极限状态的标志

B. 连续梁出现足够多的塑性铰，变为机动体系，是其达到极限状态的标志

C. 出现足够多的塑性铰之前，连续梁内力满足弹性的内力分布规律

D. 连续梁中塑性铰出现的早晚及位置可人为控制

8. 单向板肋梁楼盖按弹性理论计算时，对于板和次梁不论其支座是墙还是梁，均视为铰支座，由此引起的误差可在计算时所取的（   ）加以调整。

A. 弯矩值　　　　　　　　　　B. 荷载

C. 跨度　　　　　　　　　　　D. 剪力值

9. 对于连续板受力钢筋的弯起和截断，下列说法正确的是（   ）。

A. 等跨时，一般可不按弯矩包络图确定

B. 相邻跨度差超过20%时，一般可不按弯矩包络图确定

C. 相邻跨度差超过20%时，应按弯矩包络图确定

D. 各跨荷载相差太大时，应按弯矩包络图确定

10. 《混凝土标准》规定对嵌固在承重砖墙内的现浇板，应在板的上部配置一定数量的构造钢筋，下列说法符合规范要求的是（   ）。

A. 钢筋间距不大于200mm，直径不小于8mm，其伸出墙边的长度不应小于$l_0/7$

B. 板角部分，应双向配置上述构造钢筋，其伸出墙边的长度不应于$l_0/4$

C. 沿受力方向配置上部构造钢筋的截面面积不宜小于跨中受力钢筋截面面积的1/2

D. 沿非受力方向配置上部构造钢筋的截面面积不宜小于跨中受力钢筋截面面积的1/3

（其中，l_0为单向板的跨度或双向板的短边跨度）

11. 有关现浇钢筋混凝土楼板的板面构造钢筋伸出长度，下列说法满足规范要求的是（   ）。

A. 板与混凝土梁、墙整体浇筑时，从梁、墙边伸出长度不小于$l_0/3$

B. 板与混凝土梁、墙整体浇筑时，从梁、墙边伸出长度不小于$l_0/4$

C. 当板嵌固在砖墙内时，从墙边伸出长度不小于$l_0/7$

D. 当板嵌固在砖墙内时，从墙边伸出长度不小于$l_0/8$

（其中，l_0为单向板的跨度或双向板的短边跨度）

12. 有关现浇钢筋混凝土楼板的板面温度收缩钢筋，下列（   ）项说法满足规范要求。

A. 间距不宜大于200mm

B. 楼板表面沿纵、横方向的配筋率均不小于0.1%

C. 可利用原有钢筋贯通布置，并与原有钢筋搭接长度不小于150mm

D. 可单独配置，并锚固在周边构件

13. 单向板中，应布置与主梁垂直的板面构造钢筋，下列说法不满足规范要求的是（   ）。

A. 板面附加钢筋间距不大于300mm且与梁肋垂直

B. 构造钢筋的直径不应小于8mm

C. 单位长度的总截面面积不应小于板中单位长度内受力钢筋截面面积的 1/2

D. 伸入板中的长度从肋边缘算起每边不小于板计算跨度 l_0 的 1/4

14. 关于折算荷载的叙述，下列说法正确的是（   ）。

A. 因支座对转动的约束，可采用减少活载和相应增大恒载的办法来处理

B. 对于板，其折算荷载取：折算恒载 $g'=g+\frac{1}{2}q$，折算活载 $q'=\frac{1}{2}q$

C. 对于次梁，其折算荷载取：折算恒载 $g'=g+\frac{1}{4}q$，折算活载 $q'=\frac{3}{4}q$

D. 对于主梁，其折算荷载可按楼板的折算荷载采用

15. 单向板肋形楼盖设计，其内力计算方法选择正确的有（   ）。

A. 楼板内力应采用弹性理论计算方法　　B. 次梁内力应采用塑形理论计算方法

C. 主梁内力采用弹性理论计算方法　　　D. 主梁内力采用塑形理论计算方法

16. 按弯矩调幅法进行连续梁截面设计时，应遵循下述基本原则中的（   ）。

A. 受力钢筋宜采用 HRB400、HRB500 级热轧钢筋

B. 截面的弯矩调幅幅度不宜超过 0.3

C. 弯矩调幅后的截面受压区相对计算高度一般不应超过 0.35，但不宜小于 0.1

D. 任意截面的弯矩不宜小于简支梁跨中弯矩的 1/3

17. 有关现浇钢筋混凝土单向连续板的计算，下列说法正确的是（   ）。

A. 可垂直于长边取 1m 宽的板带作为计算单元

B. 所有板单元均可考虑拱效应的有利影响

C. 一般可不进行斜截面受剪承载力计算

D. 必须采用弹性方法计算

18. 在单向板肋梁楼盖设计中，对于次梁的计算和构造，下面叙述中不正确的是（   ）。

A. 计算支座截面承载力，次梁应按 T 形截面考虑

B. 计算跨中截面承载力，次梁则应按宽度等于梁宽 b 的矩形截面计算

C. 次梁可按塑性内力重分布方法进行内力计算

D. 次梁纵向受拉钢筋不宜在拉区截断，通常均应伸到梁端锚固

19. 在单向板肋梁楼盖设计中，对于主梁的计算，下面叙述中正确的是（   ）。

A. 计算正截面承载力时，跨中按 T 形截面计算，支座则按矩形截面计算

B. 主梁内力计算，可按塑性理论方法进行

C. 在主梁支座处，通常次梁负弯矩钢筋放在主梁负弯矩钢筋上面

D. 主梁支座截面处有效高度通常取：单排钢筋时 $h_0=h-35\text{mm}$；双排钢筋时 $h_0=h-65\text{mm}$

20. 有关无梁楼盖的配筋构造要求，下面叙述中正确的是（   ）。

A. 无梁楼盖板厚较大，宜采用弯起式配筋

B. 支座负钢筋直径不小于 12mm

C. 柱顶板配置抗冲切箍筋时，其直径不小于 6mm，间距不大于 $h_0/3$ 且不大于 150mm

D. 柱顶板配置抗冲切的弯起钢筋时，其直径不小于 12mm，每方向不少于 3 根

21. 装配式楼盖中板的主要类型包括（　　）。
    A. 实心板　　　　　　　　　　B. 空心板
    C. 槽形板　　　　　　　　　　D. T形板
22. 有关装配式楼盖铺装板之间的连接要求，下面叙述中正确的是（　　）。
    A. 板缝宽不大于20mm时，宜采用不低于C15的细石混凝土灌缝
    B. 板缝宽大于20mm时，宜采用不低于M10的水泥砂浆灌缝
    C. 板缝宽不小于50mm时，板缝应按作用有楼面荷载计算配筋，并采用比钢筋混凝土强度等级高两级的细石混凝土灌缝
    D. 当楼面有振动荷载作用时，可在板缝内加短钢筋，再用细石混凝土灌缝
23. 根据结构形式和受力特点的不同，现浇楼梯可分为（　　）。
    A. 双跑楼梯　　　　　　　　　B. 梁式楼梯
    C. 板式楼梯　　　　　　　　　D. 悬挑板或螺旋板式楼梯
24. 现浇钢筋混凝土板式楼梯由（　　）组成。
    A. 踏步板　　　　　　　　　　B. 斜梁
    C. 平台梁　　　　　　　　　　D. 平台板
25. 板中分布钢筋的作用包括（　　）。
    A. 对四边支承的单向板，可承担在长向实际存在的一些弯矩
    B. 抵抗由于温度变化或混凝土收缩引起的内力
    C. 有助于将板上作用的集中荷载分散在较大面积上，使更多的受力筋参与工作，避免局部受力钢筋应力集中
    D. 与受力钢筋组成钢筋网，便于在施工中固定受力筋位置
26. 钢筋混凝土楼梯按施工方法不同可分为（　　）。
    A. 现浇整体式楼梯　　　　　　B. 预制装配式楼梯
    C. 梁式楼梯　　　　　　　　　D. 板式楼梯
27. 梁式楼梯由（　　）组成。
    A. 平台板　　　　　　　　　　B. 平台梁
    C. 梯段斜板　　　　　　　　　D. 斜梁

四、判断题

1. 受力主要向一个方向传递为单向板。（　　）
2. 两对边支撑的板应按单向板计算。（　　）
3. 计算单向板时，一般取宽度为1.0m的板带作为典型单元进行配筋计算。（　　）
4. 主梁与次梁交接处，应设置附加横向钢筋，以承受集中力的作用。（　　）
5. 板中受力钢筋有板面承受负弯矩的板面负筋和板底承受正弯矩的受力钢筋。（　　）
6. 次梁伸入墙内的支撑长度一般不应小于240mm。（　　）
7. 附加横向钢筋有附加箍筋和附加吊筋两种类型，宜优先选用附加吊筋。（　　）
8. 板中的分布钢筋不能抵抗由于温度变化或混凝土收缩引起的内力。（　　）
9. 梯段斜板中受力钢筋可采用弯起式或分离式。（　　）
10. 板式楼梯梯段板中的分布钢筋按构造配置，要求每个踏步范围内至少放置一根钢

筋。（　　）

11. 平台板与平台梁或其他梁相交处，考虑到支座处有负弯矩作用，应配置承受负弯矩的钢筋。（　　）

12. 平台梁受有斜梁的集中荷载，但不用在平台梁中位于斜梁支座两侧处设置附加横向钢筋。（　　）

13. 梯段斜板中受力钢筋只能采用分离式。（　　）

14. 斜梁的纵筋在平台梁中应有足够的锚固长度。（　　）

15. 梁式楼梯的荷载传递途径是：踏步板→斜梁→平台梁（或楼层梁）→楼梯间墙（或柱）。（　　）

16. 板式楼梯的荷载传递途径是：斜板→平台梁→楼梯间墙（或柱）。（　　）

17. 梁式楼梯的受力性能好，当梯段较长时较为经济，但其施工不便。（　　）

18. 板式楼梯斜板较厚，当跨度较大时，材料用量较多。（　　）

19. 螺旋式楼梯施工比较困难，材料用量多，造价较高。（　　）

20. 受力向两个方向传递为双向板。（　　）

21. 双向板受荷后第一批裂缝出现在板底中部。（　　）

22. 双向板的厚度一般为80～160mm。（　　）

23. 双向板的配筋形式有分离式和弯起式两种。（　　）

24. 双向板的配筋形式只能用分离式。（　　）

25. 双向板中采用细而密的配筋较粗而疏的钢筋有利。（　　）

26. 双向板中采用强度等级高的混凝土较强度等级低的混凝土有利。（　　）

27. 现浇整体式楼盖的主梁正截面承载力计算时跨中按照矩形截面计算。（　　）

28. 现浇整体式楼盖的次梁正截面承载力计算时支座按照T形截面计算。（　　）

29. 板面构造钢筋的最小直径为8mm。（　　）

30. 三边支撑、一边悬挑现浇板，长短边之比为1.8，则该板应按照双向板计算。（　　）

五、简答题

1. 钢筋混凝土楼盖按照施工方法可以分为哪三种？各自有什么优缺点？

2. 现浇钢筋混凝土肋形楼盖按照板的受力特点可以分为哪两种楼盖？各自有什么特点？

3. 单向板肋形楼盖中单向板中的构造钢筋包括哪些？各自有什么作用？

六、计算题

1. 如图所示为某 5 跨连续单向板的计算简图，板为四边支承；板两端搁置于砖墙上，其余板边均与梁整体浇筑。板厚 80mm，恒荷载标准值为 2.604kN/m²，可变荷载标准值 7.0kN/m²。混凝土强度等级 C20（$f_c=9.6\text{N/mm}^2$，$f_t=1.10\text{N/mm}^2$），板钢筋为 HPB300 级钢筋（$f_y=f_{yv}=270\text{N/mm}^2$）。结构设计使用年限为 50 年（$\gamma_L=1.0$），安全等级为二级（$\gamma_0=1.0$）。试求：

(1) 板各控制截面内力。

(2) 板的配筋。

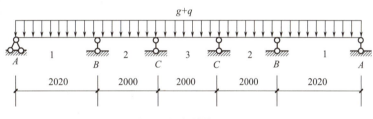

题 1 （长度单位：mm）

2. 如图所示 2 跨连续主梁计算简图，梁两端搁置于砖墙上。楼板厚度为 80mm，次梁高度为 400mm，主梁尺寸为 $b×h=250\text{mm}×600\text{mm}$，支承主梁的柱截面尺寸为 300mm×300mm。次梁传来的集中荷载标准值为 35.34kN（恒荷载），可变荷载标准值为 76.92kN，梁侧抹灰 12mm，抹灰重度为 17kN/m³。混凝土强度等级 C20（$f_c=9.6\text{N/}$

mm², $f_t=1.10\text{N/mm}^2$），梁受力钢筋为 HRB400 级钢筋（$f_y=f_{yv}=360\text{N/mm}^2$）。结构设计使用年限为 50 年（$\gamma_L=1.0$），安全等级为二级（$\gamma_0=1.0$）。

试计算该主梁控制截面的内力。

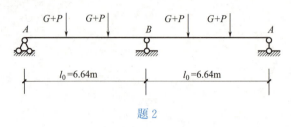

题 2

教学单元 4　钢筋混凝土梁板结构

教学单元5 多层及高层钢筋混凝土房屋

知识点小结

一、高层建筑和多层建筑

《高层混凝土规程》中规定，10层及10层以上或高度大于28m的住宅建筑和高度大于24m的其他民用建筑称为高层建筑，否则称为多层建筑。

二、常用结构体系

钢筋混凝土多层及高层建筑常用的结构体系有框架结构、框架-剪力墙结构、剪力墙结构和筒体结构等。

三、钢筋混凝土框架结构

框架结构是由许多梁和柱共同组成的框架来承受房屋全部荷载的结构。按照施工方法的不同，钢筋混凝土框架结构可分为全现浇式、半现浇式、全装配式及装配整体式四种形式。

承重框架结构布置方案有以下三种方式：横向布置方案、纵向布置方案和纵横向布置方案。框架是一个空间结构体系，沿房屋的长向和短向可分别视为纵向框架和横向框架。纵、横向框架分别承受纵向和横向水平力，而竖向荷载传递路线则根据楼（层）布置方式而不同。除装配式框架外，一般可将框架结构的梁、柱节点视为刚节点，柱固结于基础顶面，所以框架结构多为高次超静定结构。

在竖向荷载和水平力作用下，梁和柱端弯矩、剪力、轴力都较大，且梁、柱可能受到反弯矩作用，所以框架柱一般采用对称配筋，抗震设计时，梁、柱端箍筋都要加密。

非抗震设计现浇框架的构造从框架梁、柱截面尺寸和节点构造方面进行相关要求，梁、柱节点构造是保证框架结构整体空间受力性能的重要措施，现浇框架的梁、柱节点应做成刚性节点。

框架结构震害主要发生在节点处，震害柱重于梁，柱顶震害重于柱底，角柱重于内柱，短柱重于一般柱，砖砌填充墙破坏较为严重。针对以上震害特点，对抗震缝与防撞墙的设计，钢筋混凝土房屋的高宽比限制、房屋的体型及结构布置、抗震等级、纵向受力钢筋的锚固与连接及箍筋作出相关要求。

四、钢筋混凝土剪力墙结构

利用建筑物的墙体作为竖向承重和抵抗侧向力的结构称为剪力墙结构。开洞剪力墙由墙肢和连梁两种构件组成，不开洞的剪力墙仅有墙肢，按墙面开洞情况，剪力墙可分为四类：整截面剪力墙、整体小开口剪力墙、双肢及多肢剪力墙和壁式框架。

钢筋混凝土剪力墙结构的抗震性能远比纯框架结构好，其主要震害是连梁和墙肢底层的破坏。剪力墙墙肢两端和洞口两侧应设置边缘构件，边缘构件分为约束边缘构件和构造边缘构件两类。边缘构件的形式包括暗柱、翼墙、端柱和转角墙四种。剪力墙墙身分布钢筋分为水平分布钢筋和竖向分布钢筋，起着抗剪、抗弯、减少收缩裂缝等作用。剪力墙施工时先立竖向钢筋，后绑水平钢筋，为施工方便，竖向钢筋宜在内侧，水平钢筋宜在外侧，并且多采用水平分布与竖向钢筋同直径、同间距。当剪力墙墙面开洞较小时，除了将切断的分布钢筋集中在洞口边缘补足外，还要有所加强，以抵抗洞口应力集中。连梁是剪力墙中的薄弱部位，开口后的加强措施特别重要。

五、钢筋混凝土框架-剪力墙结构

在框架结构中增设钢筋混凝土剪力墙，使框架和剪力墙结合在一起共同承受竖向和水平力的结构称为框架-剪力墙结构。它是由框架和剪力墙两类抗侧力单元组成，剪力墙的变形以弯曲型为主，框架的变形以剪切型为主。

章 节 练 习

5.1 常用的结构体系

一、填空题

1. 我国《高层混凝土规程》中，把 10 层及 10 层以上或者高度大于_____的住宅建筑和高度大于_____的其他民用建筑定义为高层建筑。
2. 由梁和柱为主要构件组成的承受竖向和水平作用的结构称为_____。
3. 利用建筑物的墙体作为竖向承重和抵抗侧力的结构称为_____。
4. 框架-剪力墙结构大部分水平力由_____承担，而竖向力主要由_____承受。
5. 筒体结构是由若干片_____围合而成的封闭井筒式结构。

二、单选题

1. 《高层混凝土规程》规定，(   ) 及以上或高度大于 28m 的住宅建筑称为高层建筑。
   A. 6 层 B. 8 层
   C. 10 层 D. 12 层
2. (   ) 结构体系具有横墙多，侧向刚度大，整体性好，但平面布置受限等特点。
   A. 框架 B. 剪力墙

C. 框架-剪力墙 D. 筒体

3. 某高层建筑要求空间划分灵活，适合采用的结构体系为（   ）。
   A. 框架-剪力墙结构 B. 剪力墙结构
   C. 筒中筒结构 D. 框架结构

4. 框架结构与剪力墙结构相比，下述概念正确的是（   ）。
   A. 框架结构变形大，延性好，抗侧力小，其建造高度比剪力墙结构低
   B. 框架结构延性好，抗震性能好，只要加大柱承载能力，其建造高度比剪力墙结构高
   C. 剪力墙结构属于柔性结构，因此建造高度受到限制
   D. 框架结构一定是延性结构，剪力墙结构是脆性或低延性结构

5. 在 7 度地震区建造一幢高度为 65m 的高层综合办公楼，适合采用的结构体系为（   ）。
   A. 框架结构 B. 框架-剪力墙结构
   C. 剪力墙结构 D. 筒中筒结构

6. 按照我国《高层混凝土规程》对高层建筑的定义，下列建筑为高层建筑的是（   ）。
   A. 7 层实验楼（层高为 3.3m） B. 9 层住宅（层高为 3.0m）
   C. 6 层办公楼（层高为 4.0m） D. 6 层医院（层高为 4.2m）

三、多选题

1. 多层与高层房屋常用的结构体系有（   ）。
   A. 框架结构 B. 排架结构
   C. 剪力墙结构 D. 框架-剪力墙结构

2. 下列属于框架结构体系优点的是（   ）。
   A. 平面布置灵活，可获得较大的空间
   B. 外墙非承重构件，可以灵活设计立面
   C. 材料省，自重轻
   D. 框架结构构件类型多，难以标准化、定型化

四、判断题

1. 框架结构具有很高的抗侧移能力。（   ）
2. 剪力墙结构中的墙只起围护和分隔作用。（   ）
3. 框架结构、框剪结构、剪力墙结构和筒体结构抗侧移能力是依次增强的。（   ）
4. 由筒体为主组成的承受竖向和水平作用的结构称为筒体结构体系。（   ）
5. 框剪结构具有易于分割空间、立面易于变化和抗震性能好的优点。（   ）

五、简答题

1. 什么是高层建筑？什么是多层建筑？

2. 钢筋混凝土多层与高层建筑结构体系有哪几种？各种体系的适用范围是什么？

5.2　钢筋混凝土框架结构

一、填空题

1. 钢筋混凝土结构按施工方法可以分为_____、_____、_____和装配整体式框架。
2. 承重框架的布置方案有横向布置方案、_____和_____。
3. 民用建筑的柱网尺寸一般按_____mm 进级。
4. 除装配式框架外，一般可将框架结构梁柱节点视为_____节点，柱固结于基础顶面，所以框架结构为高层_____结构。
5. 变形缝包括_____、_____和_____。

二、单选题

1. 有关民用建筑柱网尺寸，下列说法错误的是（　　）。
   A. 民用建筑柱网尺寸因房屋用途不同而变化较大，一般按 0.4m 进级
   B. 常用的跨度为 4.8m、6.0m、6.6m 等
   C. 常用的柱距为 3.9m、4.5m、4.8m、6.0m、6.3m、6.6m 等
   D. 走廊常用跨度为 2.4m、2.7m、3.0m 等
2. 一座三层小型物流仓库，平面尺寸为 18m×24m，堆货高度不超过 2m；采用现浇框架结构，下列各种柱网布置中最合适的是（　　）。
   A. 横向三柱框架，柱距 6m，框架间距 8m，纵向布置连系梁
   B. 横向三柱框架，柱距 6m，框架间距 4m，纵向布置连系梁
   C. 双向框架，横向框架柱距 9m，纵向框架柱距 6m
   D. 双向框架，两向框架柱柱距均为 6m
3. 框架结构在水平侧向力作用下的侧移曲线以（　　）变形为主。
   A. 弯曲型　　　　　　　　　　　B. 剪弯型
   C. 弯剪扭型　　　　　　　　　　D. 剪切型
4. 对于影响框架结构内力的主要因素，下列说法正确的是（　　）。
   A. 多层框架以水平荷载为主，高层框架以竖向荷载为主

B. 多层框架以竖向荷载为主，高层框架以水平荷载为主
C. 多、高层框架均以水平荷载为主
D. 多、高层框架均以竖向荷载为主

5. 框架在水平风荷载作用下，有关框架结构内力分布，下列说法正确的是（   ）。
A. 梁、柱的弯矩图都是直线形，剪力图是曲线形
B. 梁、柱的弯矩图都是曲线形，剪力图是直线形
C. 梁、柱的弯矩图及剪力图均是曲线形
D. 梁、柱的弯矩图及剪力图均是直线形

6. 在地震及竖向荷载共同作用下，对于框架梁内力分布说法正确的是（   ）。
A. 框架梁跨中弯矩、剪力均最大
B. 框架梁端部弯矩、剪力均最大
C. 框架梁端部弯矩最小，端部剪力最大
D. 框架梁跨中弯矩最大，端部剪力最小

7. 《混凝土标准》规定，框架梁的截面宽高比 b_b/h_b 不宜小于（   ）。
A. 1/5
B. 1/4
C. 1/3
D. 1/2

8. 下列对柱轴压比描述正确的是（   ）。
A. 柱组合轴压力标准值与柱混凝土净面积和混凝土轴心抗压强度标准值乘积的比值
B. 柱组合轴压力设计值与柱混凝土净面积和混凝土轴心抗压强度标准值乘积的比值
C. 柱组合轴压力标准值与柱全截面面积和混凝土轴心抗压强度标准值乘积的比值
D. 柱组合轴压力设计值与柱全截面面积和混凝土轴心抗压强度设计值乘积的比值

9. 框架柱轴压比过高会使柱产生（   ）。
A. 斜压破坏
B. 剪压破坏
C. 大偏心受压构件
D. 小偏心受压构件

10. 某高层办公楼高度为 38m，采用现浇混凝土框架结构，其底层边柱的组合轴压力设计值为 $N=3920$kN，柱截面为 500mm×500mm，混凝土强度等级采用 C45，则该柱的轴压比 λ_N 为（   ）。
A. 0.66
B. 0.74
C. 0.78
D. 0.81

11. 某 12 层现浇钢筋混凝土框架结构综合楼，抗震设防烈度为 7 度，Ⅱ类场地，其层高为 3.3m，室内外高差为 600mm。二层框架柱剪跨比 $\lambda=2.2$，抗震设计时，按照《高层混凝土规程》，该柱在竖向荷载与地震作用组合下的轴压比限值 $[\lambda_N]$ 宜取（   ）。
A. 0.65
B. 0.70
C. 0.75
D. 0.80

12. 某高层框架结构，房屋高度为 45m，乙类建筑，抗震设防烈度为 7 度，设计基本地震加速度值为 0.15g，修建于Ⅲ类场地上，已知第 3 层某边柱承受的组合轴向力设计值为 $N=3870$kN。该边柱截面尺寸为 600mm×600mm，该柱剪跨比 $\lambda=2.4$，采用 C45 混凝土，环境类别一类。该柱轴压比与柱轴压比限值的比值为（   ）。
A. 0.905
B. 0.784
C. 0.763
D. 0.703

13. 对于抗震框架房屋，承重框架的梁、柱中线宜对齐，若有偏心时，下列偏心距符

合规定的是（　　）。

  A. 不应大于柱截面短边长的 1/4   B. 不应大于柱截面长边长的 1/4

  C. 不应大于柱截面垂直方向边长的 1/4   D. 不应大于柱截面该方向边长的 1/4

14. 在一栋有抗震设防要求的建筑中，防震缝的设置正确的是（　　）。

  A. 防震缝应将其两侧房屋的上部结构完全分开

  B. 防震缝应将其两侧房屋的上部结构连同基础完全分开

  C. 只有在设地下室的情况下，防震缝才可以将其两侧房屋的上部结构分开

  D. 只有在不设地下室的情况下，防震缝才可以将其两侧房屋的上部结构分开

15. 设防烈度为 7 度，屋面高度为 $H=40\text{m}$ 的高层建筑结构，有关防震缝的最小设置宽度表述正确的是（　　）。

  A. 框架-剪力墙结构＞剪力墙结构＞框架结构

  B. 框架结构＞剪力墙结构＞框架-剪力墙结构

  C. 框架结构＞框架-剪力墙结构＞剪力墙结构

  D. 剪力墙结构＞框架-剪力墙结构＞框架结构

16. 某框架结构，抗震设防烈度为 8 度，高度为 40m，若设抗震缝，则缝宽不小于（　　）。

  A. 150mm   B. 200mm

  C. 280mm   D. 300mm

17. 两幢相邻框架结构建筑，均按 8 度设防，一幢为 40m 高，另一幢为 30m 高。若需要设置抗震缝，缝宽不应小于（　　）。

  A. 100mm   B. 150mm

  C. 200mm   D. 300mm

18. 在抗震设防烈度为 8 度（0.3g）的某地区，准备修建一框架结构的综合办公楼，其可建高度不应超过（　　）。

  A. 30m   B. 35m

  C. 40m   D. 45m

19. 按照《高层混凝土规程》规定，对于现浇钢筋混凝土框架结构的高宽比限值，下列说法正确的是（　　）。

  A. 抗震设防烈度为 6 度时，不应超过 5

  B. 抗震设防烈度为 7 度时，不应超过 4

  C. 抗震设防烈度为 8 度时，不应超过 4

  D. 抗震设防烈度为 9 度时，不应超过 3

20. 在某 8 度抗震设防地区，拟建一座高度为 90m 的商用办公楼，采用框架-剪力墙结构体系，对于其平面轮廓尺寸，下列说法正确的是（　　）。

  A. 最小宽度不大于 15m   B. 最大宽度不大于 15m

  C. 最小宽度不小于 18m   D. 最大宽度不大于 18m

21. 钢筋混凝土丙类建筑房屋的抗震等级应根据（　　）查表确定。

  A. 抗震设防烈度、结构类型和房屋层数

  B. 抗震设防烈度、结构类型和房屋高度

C. 抗震设防烈度、场地类型和房屋层数
D. 抗震设防烈度、场地类型和房屋高度

22. 某一钢筋混凝土框架结构为丙类建筑，高度为35m，设防烈度为8度，Ⅱ类场地，其结构的抗震等级为（　　）。
   A. 一级　　　　　　　　　　　　B. 二级
   C. 三级　　　　　　　　　　　　D. 四级

23. 某现浇钢筋混凝土框架结构多层商场，建筑物总高度28m，营业面积为15000m²，属于乙类建筑，建筑场地类别为Ⅱ类，7度抗震设防，该建筑物抗震等级应为（　　）。
   A. 一级　　　　　　　　　　　　B. 二级
   C. 三级　　　　　　　　　　　　D. 四级

24. 某地级市抗震设防烈度为7度，由于医疗设施条件不足，拟建设一座二甲医院，其门诊部采用现浇钢筋混凝土框架结构，建筑高度为24m，建筑场地类别为Ⅱ类，设计使用年限为50年。该建筑应按抗震等级（　　）采用抗震措施。
   A. 一级　　　　　　　　　　　　B. 二级
   C. 三级　　　　　　　　　　　　D. 四级

25. 某市的田家炳实验中学拟建一6层教学楼，采用钢筋混凝土框架结构，平面及竖向均规则，各层层高为3.3m，建筑场地类别为Ⅱ类，本地区抗震设防烈度为8度，下列关于对该教学楼抗震设计的要求说法正确的是（　　）。
   A. 按8度计算地震作用，按一级框架采取抗震措施
   B. 按8度计算地震作用，按二级框架采取抗震措施
   C. 按9度计算地震作用，按一级框架采取抗震措施
   D. 按9度计算地震作用，按二级框架采取抗震措施

26. 在框架结构的抗震设计中，有的设计人员在绘制施工图时，任意增加计算和构造所需的钢筋面积，认为"这样更安全"。但是下列各条中，哪一条会由于增加了钢筋面积反而可能使结构的抗震能力降低？（　　）
   A. 增加柱子的纵向钢筋面积　　　　B. 增加柱子的箍筋面积
   C. 增加柱子核心区的箍筋面积　　　D. 增加梁的箍筋面积

27. 地震区框架结构梁端纵向受拉钢筋的配筋率不宜大于（　　）。
   A. 1.5%　　　　　　　　　　　　B. 2%
   C. 2.5%　　　　　　　　　　　　D. 3%

28. 关于抗震框架梁底面和顶面纵向钢筋配筋量的比值，下列说法正确的是（　　）。
   A. 抗震等级一级时，不小于0.5；抗震等级二级时，不小于0.4
   B. 抗震等级一级时，不小于0.5；抗震等级二级时，不小于0.3
   C. 抗震等级二级时，不小于0.4；抗震等级三级时，不小于0.3
   D. 抗震等级二、三级时，均不小于0.4

29. 某二级框架梁，截面尺寸为300mm×600mm，纵向配筋配筋率为2.1%，纵筋直径20mm，有关该梁箍筋的抗震构造措施，下列说法正确的是（　　）。
   A. 箍筋加密区长度取600mm　　　B. 箍筋最大间距为150mm
   C. 箍筋直径不应小于10mm　　　　D. 非加密区箍筋间距取300mm

30. 某现浇混凝土框架结构，抗震等级为二级，边柱混凝土等级为 C35，对于边柱最小总配筋率，下列说法正确的是（　　）。

　　A. 0.8%　　　　　　　　　　　　B. 0.9%
　　C. 1%　　　　　　　　　　　　　D. 1.5%

31. 抗震设计时，下列柱纵筋布置正确的是（　　）。

　　A. 柱截面尺寸大于 400mm 时，纵筋间距不超过 300mm
　　B. 总配筋率不大于 5%
　　C. 纵筋可在箍筋加密区范围内连接
　　D. 每侧纵向配筋率不宜大于 1.0%

32. 某现浇混凝土高层框架结构，抗震等级为二级，其第二层中柱截面为 600mm×600mm，梁截面为 300mm×500mm，层高为 3.5m，柱间为填充墙。该柱箍筋加密区的范围取值为（　　）比较恰当。

　　A. 全高加密　　　　　　　　　　B. 800mm
　　C. 600mm　　　　　　　　　　　D. 500mm

33. 抗震设计时，下列有关柱箍筋加密区肢距说法错误的是（　　）。

　　A. 一级不宜大于 200mm　　　　　B. 二级不宜大于 250mm
　　C. 三级不宜大于 300mm　　　　　D. 四级不宜大于 300mm

34. 对于框架结构中间层中间节点的钢筋构造，下列说法不符合规范要求的是（　　）。

　　A. 梁上部纵筋应贯通中间节点
　　B. 梁下部纵筋可直锚在节点内，其锚固长度不小于 $1.0l_{a(E)}$
　　C. 梁下部纵筋可弯锚在节点内，其水平锚固长度不小于 $0.4l_{ab(E)}$，弯折段不小于 $12d$
　　D. 梁下部纵筋可在节点外不小于 $1.5h_0$ 处搭接，其搭接长度不小于 $1.0l_{l(E)}$

35. 对于有抗震要求的框架结构，其中间层端节点的钢筋构造，下列说法不符合规范要求的是（　　）。

　　A. 梁上部纵筋可直锚在节点内，锚固长度不小于 $1.0l_{aE}$，且应伸过柱中心线不小于 $5d$
　　B. 梁下部纵筋可直锚在节点内，锚固长度不小于 $1.0l_{aE}$，且应伸过柱中心线不小于 $5d$
　　C. 梁上部纵筋可弯锚在节点内，其水平锚固长度不小于 $0.4l_{abE}$，弯折段不小于 $15d$
　　D. 梁下部纵筋可伸入柱外侧弯锚，其水平锚固长度不小于 $0.4l_{abE}$，弯折段不小于 $12d$

36. 对于框架结构顶层端节点的钢筋构造，如果柱外侧钢筋伸入梁顶部搭接，下列说法不符合规范要求的是（　　）。

　　A. 搭接长度不小于 $1.5l_{ab(E)}$，其中伸入梁内柱外侧钢筋截面面积不小于其全部面积的 65%
　　B. 柱外侧钢筋位于柱顶第一层时，可伸入柱内侧向下弯折 $6d$ 后折断
　　C. 现浇板厚度不小于 100mm 时，梁宽范围外的柱外侧钢筋可直接伸入板内锚固
　　D. 柱外侧配筋率大于 1.2% 时，伸入梁内的纵筋宜分 2 批截断，且截断点间距不宜小于 $20d$

37. 《高层混凝土规程》规定，抗震设防烈度为 8 度时，高层剪力墙结构的高宽比不宜超过（　　）。

A. 3 B. 4
C. 5 D. 6

38. 承重框架横向布置方案的主要特点不包括（　　）。
A. 框架主梁沿横向布置，连系梁沿纵向布置
B. 房屋空间较大时，有利于增加净空
C. 横向布置方案有利于提高结构横向刚度
D. 横梁尺寸较大，纵梁尺寸较小

39. 关于高层钢筋混凝土框架结构抗震设计的要求，下列说法错误的是（　　）。
A. 框架梁宜拉通，对直布置 B. 框架柱宜上下对中布置
C. 梁、柱轴线宜在同一竖向平面内 D. 可以采用单跨框架

40. 下列不属于现浇框架结构优点的是（　　）。
A. 整体性及抗震性能好 B. 预埋件少
C. 节约模板，施工周期短 D. 建筑平面布置灵活

41. 承重框架结构布置方案不包括（　　）。
A. 横向布置方案 B. 纵向布置方案
C. 纵横向布置方案 D. 内框架布置方案

42. 钢筋混凝土框架结构按施工方法的不同分类，不包括（　　）。
A. 全现浇及半现浇框架 B. 装配式框架
C. 内框架 D. 装配整体式框架

三、多选题

1. 钢筋混凝土框架结构按施工方法的不同可分为（　　）。
A. 全现浇及半现浇框架 B. 装配式框架
C. 内框架 D. 装配整体式框架

2. 承重框架主要包括（　　）。
A. 横向布置方案 B. 纵向布置方案
C. 纵横向布置方案 D. 内框架布置方案

3. 关于框架梁截面尺寸，下列表述正确的是（　　）。
A. 截面宽度不宜小于 200mm
B. 截面高宽比不宜大于 4
C. 梁净跨与截面高度之比不宜大于 4
D. 梁截面尺寸的确定一般与梁剪力设计值的大小无关

4. 关于高层钢筋混凝土框架结构抗震设计的要求，下列说法错误的是（　　）。
A. 不应设计成双向梁柱抗侧力体系
B. 不宜采用部分由砌体墙承重的混合形式
C. 不应采用单跨框架
D. 主体结构应采用刚接

5. 根据构造做法的不同，框架结构的节点可区分为（　　）。
A. 顶层端节点 B. 顶层中间节点

C. 中间层中间节点　　　　　　　　　D. 中间层端节点

6. 下列关于框架结构震害特点表述正确的是（　　）。
   A. 柱的震害重于梁，柱顶震害重于柱底　　B. 梁、柱震害节点较重
   C. 角柱震害轻于边柱，短柱重于一般柱　　D. 节点震害轻于梁、柱

7. 框架结构单独柱基在下列（　　）情况下，宜沿两个主轴方向设置基础系梁。
   A. 抗震等级为一级的框架结构　　　　B. Ⅲ类场地的二级抗震等级的框架结构
   C. 各基础埋深相差较大　　　　　　　D. 点击主要受力层范围存在液化土

8. 按照《高层混凝土规程》规定，各类钢筋混凝土房屋的最大适用高度是根据下列（　　）因素确定的。
   A. 房屋的高宽比　　　　　　　　　　B. 房屋的长宽比
   C. 结构体系　　　　　　　　　　　　D. 设防烈度

9. 现浇钢筋混凝土房屋高宽比的限值，是对结构的（　　）进行宏观控制。
   A. 刚度　　　　　　　　　　　　　　B. 稳定性
   C. 承载能力　　　　　　　　　　　　D. 成本造价

10. 钢筋混凝土高层结构房屋在确定抗震等级时，应考虑（　　）等因素。
    A. 房屋高度　　　　　　　　　　　　B. 高宽比
    C. 地震烈度　　　　　　　　　　　　D. 结构类型

11. 抗震设计时，关于沿框架梁全长配置的底面和顶面纵向钢筋，下列说法正确的是（　　）。
    A. 底面和顶面均不少于 2 根
    B. 一、二级时，直径不应小于 $\phi16$
    C. 三、四级时，直径不应小于 $\phi12$
    D. 面积分别不小于梁两端底面和顶面纵向配筋中较大面积的 1/4

12. 抗震设计时，有关框架梁箍筋的抗震构造措施，下列说法正确的是（　　）。
    A. 抗震等级一级时，加密区长度取 max（$2h_b$, 500mm）；最大间距取 min（$h_b/4$, $6d$, 100mm）
    B. 抗震等级二级时，加密区长度取 max（$1.5h_b$, 500mm）；最大间距取 min（$h_b/4$, $8d$, 100mm）
    C. 抗震等级二级时，加密区长度取 max（$1.0h_b$, 500mm）；最大间距取 min（$h_b/4$, $8d$, 150mm）
    D. 抗震等级二级时，加密区长度取 max（$1.0h_b$, 500mm）；最大间距取 min（$h_b/4$, $8d$, 200mm）

13. 抗震等级为二级的框架梁，有关其贯通中柱的纵向钢筋直径，下列说法正确的是（　　）。
    A. 贯通矩形柱时，不宜大于柱该方向截面尺寸的 1/20
    B. 贯通矩形柱时，不宜大于柱该方向截面尺寸的 1/25
    C. 贯通圆柱时，不宜大于纵向钢筋所在位置柱截面弦长的 1/20
    D. 贯通圆柱时，不宜大于纵向钢筋所在位置柱截面弦长的 1/25

14. 关于抗震设防的钢筋混凝土结构构件箍筋的构造要求，正确的是（　　）。

A. 框架梁柱的箍筋为封闭式
B. 纵向钢筋搭接长度范围内箍筋间距不应小于较小搭接钢筋直径的 10 倍
C. 箍筋的末端做成 90°弯钩
D. 箍筋末端弯钩平直部分长度不应小于 10 倍箍筋直径

15. 抗震设计时，下列有关柱箍筋加密区范围说法正确的是（   ）。
A. 非底层柱取柱端截面高度、柱净高的 1/6 及 500mm 三者的最大值
B. 底层柱取柱净高的 1/4
C. 刚性地面上下各 500mm
D. 短柱、框支柱取全高

16. 关于框架梁、柱纵向钢筋在节点处的锚固连接，下列说法正确的是（   ）。
A. 中间层中间节点处，梁上部纵筋应贯通
B. 中间层中间节点处，梁下部纵筋可在节点锚固
C. 中间层端节点处，梁上部纵筋可向下弯折 12d 锚固
D. 顶层中间节点处，柱纵筋可向柱内侧弯折 12d 锚固

17. 受力钢筋宜在构件受力较小的部位连接，抗震设计时，尽量不要在（   ）等部位进行连接。
A. 梁端部
B. 柱端部
C. 箍筋加密区
D. 箍筋非加密区

四、判断题

1. 如果承重框架采用横向布置方案，其刚度横向大、纵向小，不利于提高抵抗水平作用的能力。（   ）
2. 承重框架采用纵向布置方案，其房间布置灵活，利于提高净空，采光和通风良好。（   ）
3. 承重框架采用纵横向布置方案，结构两个方向均可取得较大刚度，有抗震要求的多高层框架结构宜采用此种方案。（   ）
4. 框架结构房屋的柱网布置应力求简单规则，有利于装配化、定型化和工业化。（   ）
5. 框架结构由梁和柱组成，为加强结构整体性，梁柱节点必须为刚性连接。（   ）
6. 框架结构中，填充墙与梁柱之间应有必要的连接以增强墙体的整体性及抗震性。（   ）
7. 与全装配式框架相比，装配式整体式保证了节点刚度，提高了框架整体性，同时还节约了现场浇筑混凝土量。（   ）
8. 装配整体式框架是指将梁、板和柱部分现浇，部分预制装配而形成的框架结构。（   ）

五、简答题

1. 钢筋混凝土框架结构的布置有哪几种方案？各有什么特点？

2. 按施工方法不同，钢筋混凝土框架结构有哪几种形式？各有何特点？

3. 简述框架结构的受力特点。

4. 何为轴压比？轴压比决定柱子的截面尺寸，这种说法对吗？

5. 简述现浇框架的节点构造要求。

6. 如何划分钢筋混凝土结构房屋的抗震等级？

7. 框架顶层端节点梁上部纵筋和柱外侧纵筋的搭接方案分别为哪两种？各自有什么特点？

5.3 钢筋混凝土剪力墙结构

一、填空题

1. 开洞剪力墙由_____和_____两部分组成。
2. 剪力墙的边缘构件可以分为_____和_____两种。
3. 约束边缘构件的形式包括用箍筋约束的_____、_____和翼墙。
4. 剪力墙构造边缘构件包括_____、_____、_____和转角墙。

二、单选题

1. 下列有关剪力墙受力特点说法错误的是（   ）。
   A. 整截面剪力墙在水平荷载作用下，弯矩图无突变，无反弯点
   B. 小开口剪力墙在水平荷载作用下，弯矩图无突变，个别楼层出现反弯点
   C. 联肢剪力墙在水平荷载作用下，弯矩图有突变，多个楼层出现反弯点
   D. 壁式框架在水平荷载作用下，弯矩图有突变，大多数楼层出现反弯点

2. 剪力墙按照高度 H 与截面宽度 h 的比值，可分为高墙、中高墙、矮墙，中高墙是指（   ）的剪力墙。
   A. $H/h>3$　　　　　　　　　　B. $1.5\leqslant H/h<3$
   C. $1.5<H/h<3$　　　　　　　　D. $H/h<1.5$

3. 对于抗震等级为一、二级的结构，两端有翼墙或端柱的剪力墙，其底层加强部位墙厚不应小于（   ）。
   A. 140mm　　　　　　　　　　　B. 160mm
   C. 180mm　　　　　　　　　　　D. 200mm

4. 抗震设计时，一、二级抗震墙底部加强部位的厚度（不含端柱或翼墙）不小于（   ）。
   A. 160mm　　　　　　　　　　　B. 180mm
   C. 200mm　　　　　　　　　　　D. 220mm

5. 有关剪力墙边缘构件，下列说法正确的是（   ）。
   A. 约束边缘构件对混凝土约束较强，有较大的变形能力，构造边缘构件则相对较差
   B. 构造边缘构件对混凝土约束较强，有较大的变形能力，约束边缘构件则相对较差
   C. 二者对混凝土的约束及变形的能力比较一致
   D. 二者对混凝土的约束及变形的能力差别不确定

6. 某剪力墙，抗震等级为二级，底层墙肢轴压比为0.4，按照《高层混凝土规程》要

求，抗震设计时，有关其边缘构件设置，下列说法正确的是（   ）。

A. 剪力墙底部加强区及相邻上一层设置约束边缘构件，其余部位设置构造边缘构件

B. 剪力墙底部加强区及相邻上一层设置构造边缘构件，其余部位设置约束边缘构件

C. 剪力墙墙肢两端应设置边缘构件，大洞口两侧不设置边缘构件

D. 剪力墙墙肢两端不设置边缘构件，大洞口两侧应设置边缘构件

7. 某高层剪力墙结构建筑，设防烈度 7 度，抗震等级为一级，若剪力墙不设置约束边缘构件，则其轴压比应满足（   ）。

A. 不大于 0.2　　　　　　　　　B. 不大于 0.25

C. 不大于 0.3　　　　　　　　　D. 不大于 0.35

8. 某剪力墙结构商用办公楼，高度 85m，设防烈度 7 度，对于其剪力墙约束边缘构件阴影部分竖向钢筋，下列（   ）项符合规范构造要求。

A. 配筋率不小于 1.2%，且钢筋不少于 8ϕ16

B. 配筋率不小于 1.0%，且钢筋不少于 6ϕ16

C. 配筋率不小于 1.0%，且钢筋不少于 6ϕ14

D. 配筋率不小于 0.8%，且钢筋不少于 6ϕ12

9. 某抗震等级为二级的剪力墙，其底部加强区轴压比超过 0.4，按规范规定在底部应布置约束边缘构件，其余部位应布置构造边缘构件，则对于构造边缘构件钢筋配置，下列（   ）项符合规范构造要求。

A. 纵筋配筋量不少于 $0.008A_c$，且不少于 6ϕ14

B. 纵筋配筋量不少于 $0.006A_c$，且不少于 6ϕ12

C. 拉筋直径不小于 8mm，竖向间距不大于 250mm

D. 拉筋直径不小于 6mm，竖向间距不大于 200mm

10. 有关剪力墙约束边缘构件箍筋及拉筋布置，下列（   ）项符合规范构造要求。

A. 一级时，箍筋及拉筋的竖向间距不宜大于 150mm

B. 二、三级时，箍筋及拉筋的竖向间距不宜大于 200mm

C. 箍筋及拉筋的水平向的肢距不宜大于 600mm

D. 箍筋及拉筋的水平向的肢距不应大于 2 倍纵筋间距

11. 某剪力墙厚度达 450mm，则其墙身分布钢筋应配置（   ）。

A. 2 排　　　　　　　　　　　　B. 3 排

C. 4 排　　　　　　　　　　　　D. 5 排

12. 按《高层混凝土规程》规定，连梁纵筋伸入墙内的长度不应小于（   ）。

A. 400mm　　　　　　　　　　　B. 500mm

C. 600mm　　　　　　　　　　　D. 700mm

13. 按《高层混凝土规程》规定，当剪力墙面开有非连续小洞口，且在结构计算分析时未考虑其影响，应在洞边设置补强钢筋，则下列说法（   ）项符合规范要求。

A. 洞口长边尺寸小于 800mm，补强钢筋直径不小于 2ϕ10

B. 洞口短边尺寸小于 800mm，补强钢筋直径不小于 2ϕ10

C. 洞口长边尺寸小于 800mm，补强钢筋直径不小于 2ϕ12

D. 洞口短边尺寸小于 800mm，补强钢筋直径不小于 2ϕ12

14. 抗震设计时，有关连梁的箍筋配置，下列说法符合规范要求的是（　　）。
   A. 沿连梁全长箍筋构造同抗震框架梁端箍筋加密区要求
   B. 顶层纵筋伸入墙体范围内，应配置间距不大于 200mm 的构造箍筋
   C. 顶层纵筋伸入墙体范围内，应配置间距不大于 250mm 的构造箍筋
   D. 顶层构造箍筋直径应小于连梁箍筋直径

15. 有关连梁的纵向构造钢筋配置，下列说法符合规范要求的是（　　）。
   A. 连梁高度范围内墙肢水平分布钢筋不可兼作连梁的腰筋
   B. 连梁高度大于 700mm 时，腰筋直径不应小于 8mm
   C. 连梁高度大于 700mm 时，腰筋间距不应大于 150mm
   D. 跨高比不大于 2.5 的连梁，腰筋的面积配筋率不应小于 0.2%

16. 一、二级剪力墙，对于跨高比不大于（　　）的连梁，除配置普通箍筋外还宜另外设置斜向交叉构造钢筋。
   A. 2
   B. 3
   C. 4
   D. 5

17. 因布置设备管道，需要在连梁上开设洞口，其洞口上下的有效高度应满足（　　），洞口处还需布置补强钢筋。
   A. 不宜小于梁高的 1/4，且不宜小于 150mm
   B. 不宜小于梁高的 1/4，且不宜小于 200mm
   C. 不宜小于梁高的 1/3，且不宜小于 150mm
   D. 不宜小于梁高的 1/3，且不宜小于 200mm

18. 下列各项关于钢筋混凝土剪力墙结构布置的原则中，正确的是（　　）。
   A. 剪力墙应双向或多向布置，宜拉通对直
   B. 剪力墙宜自下而上连续布置，不宜中断
   C. 剪力墙的门窗洞口宜上下对齐，成列布置
   D. 墙肢截面高度与厚度之比不宜过小

19. 剪力墙平面布置有两种方案：横墙承重方案、纵横墙共同承重方案。对于横墙承重方案，横墙间距即为楼板跨度，通常剪力墙间距为（　　）。
   A. 3～5m
   B. 4～6m
   C. 6～8m
   D. 9～12m

20. 有关剪力墙的平面布置方向，下列说法不正确的是（　　）。
   A. 剪力墙应沿平面主要轴线方向布置
   B. 采用矩形、L形、T形平面时，剪力墙沿两个正交的主轴方向布置
   C. 三角形及Y形平面可沿四个方向布置
   D. 正多边形、圆形和弧形平面，则可沿径向及环向布置

21. 整截面剪力墙是指（　　）。
   A. 不开洞或开洞面积不大于 10% 的墙
   B. 不开洞或开洞面积不大于 12% 的墙
   C. 不开洞或开洞面积不大于 15% 的墙
   D. 开洞面积大于 15%，但开洞面积仍相对较小的墙

22. 有关小开口剪力墙的受力特点，下列说法正确的是（   ）。
A. 墙体整个高度上，弯矩有突变，个别楼层可能出现反弯点，以弯曲型变形为主
B. 墙体整个高度上，弯矩无突变，无反弯点，以剪切型变形为主
C. 墙体整个高度上，弯矩有突变，有反弯点，以弯曲型变形为主
D. 墙体整个高度上，弯矩无突变，有反弯点，以剪切型变形为主

三、多选题

1. 下列各项关于钢筋混凝土剪力墙结构布置的原则中，正确的是（   ）。
A. 剪力墙应双向或多向布置，宜拉通对直
B. 剪力墙宜自下而上连续布置，不宜中断
C. 剪力墙的门窗洞口宜上下对齐，成列布置
D. 墙肢截面高度与厚度之比不宜过小

2. 按照《高层混凝土规程》规定，下列（   ）项符合剪力墙截面厚度设置要求。
A. 一、二级时，底部加强部位不应小于 200mm
B. 一、二级时，非底部加强部位不应小于 180mm
C. 一、二级时，一字形独立剪力墙底部加强部位不应小于 220mm
D. 三、四级时，不应小于 160mm

3. 剪力墙约束边缘构件构造要求，下列说法正确的是（   ）。
A. 一级时，配筋率不小于 1.2%，且钢筋不少于 $8\phi16$
B. 二级时，配筋率不小于 1.0%，且钢筋不少于 $6\phi16$
C. 三级时，配筋率不小于 1.0%，且钢筋不少于 $6\phi14$
D. 箍筋肢距不宜大于 300mm

4. 剪力墙身分布钢筋构造要求，下列（   ）满足规范规定。
A. 楼、电梯间分布钢筋配筋率不小于 0.25%，间距不大于 250mm
B. 分布钢筋直径不宜大于墙厚的 1/10
C. 部分框支剪力墙配筋率不小于 0.3%，间距不大于 200mm
D. 拉结箍筋间距不应大于 300mm

四、判断题

1. 剪力墙承受的作用包括竖向荷载、水平荷载和地震作用。（   ）
2. 剪力墙的水平分布钢筋是受力钢筋。（   ）
3. 剪力墙竖向分布钢筋满足一定条件时可在同一部位搭接。（   ）
4. 当两道墙错距离 $\leqslant 3b_w$（b_w 为墙厚度）时，或当墙体在平面上为转折形状，其转角 $\leqslant 20°$ 时才可以近似当作整体平面剪力墙对待。（   ）
5. 剪力墙结构应尽量避免竖向刚度突变，墙体沿竖向宜贯通全高，墙厚度沿竖向宜从上往下逐渐减薄。（   ）
6. 剪力墙宜设于建筑物两端、楼梯间、电梯间及平面刚度有变化处，同时以能纵横向相互连接在一起为有利。（   ）
7. 洞口开得较大，且洞口成列布置的剪力墙称为壁式框架。（   ）

8. 双肢剪力墙在整个高度上，弯矩有突变，无反弯点，以弯曲型变形为主。（　　）

9. 在竖向荷载及水平荷载共同作用下，开洞剪力墙墙肢可能是压、弯、剪构件，也可能是拉、弯、剪构件。（　　）

五、简答题

1. 简述剪力墙的受力特点。

2. 剪力墙有哪几种类型？各有什么特点？

5.4　钢筋混凝土框架-剪力墙结构

一、填空题

1. 框架-剪力墙结构可以形成_____体系，因此抗震性能良好。
2. 框剪结构中，剪力墙的变形以_____为主，框架的变形以_____为主。
3. 框剪结构的周边应该设置_____和_____组成边框。
4. 端柱的_____应沿全高加强配置。

二、单选题

1. 抗震设防烈度为 7 度时，框架-剪力墙及剪力墙结构的 A 级适用最大高度（　　）。
   A. 均为 120m
   B. 框架-剪力墙为 100m，剪力墙为 120m
   C. 框架-剪力墙为 120m，剪力墙为 100m
   D. 框架-剪力墙为 140m，剪力墙为 150m

2. 某 15 层办公室，框架-剪力墙结构，总高为 50m，建筑场地类别为Ⅰ类，当地设防烈度为 7 度，该结构的抗震等级应为（　　）。
   A. 框架一级，剪力墙一级　　　　B. 框架二级，剪力墙一级
   C. 框架三级，剪力墙二级　　　　D. 框架四级，剪力墙三级

3. 抗震设计时，框支柱及抗震等级为一级的框架梁、柱、节点核心区，混凝土强度

等级不应低于（　　）。

A. C25　　　　　　　　　　B. C30
C. C35　　　　　　　　　　D. C40

4. 在水平荷载作用下，框架结构、剪力墙结构和框架-剪力墙结构的变形形式分别为图中哪条曲线？（　　）

A. A、B、C　　　　　　　　B. C、A、B
C. B、C、A　　　　　　　　D. C、B、A

5. 设防烈度为7度的现浇高层框架-剪力墙结构，关于横向剪力墙的间距s，下列满足要求的是（　　）。（B为楼面宽）

A. $s \leqslant 3B$，并且$s \leqslant 40m$　　　B. $s \leqslant 4B$，并且$s \leqslant 50m$
C. $s \leqslant 4.5B$，并且$s \leqslant 55m$　　D. $s \leqslant 5B$，并且$s \leqslant 60m$

题4

6. 当建筑使用功能要求有底层大空间时，可以使用框支剪力墙，但一般要求有落地剪力墙协同工作；按照《抗震标准》的要求，落地剪力墙间距L应满足（　　）。（B为楼面宽）

A. $L \leqslant 1.5B$，$L \leqslant 25m$　　　B. $L \leqslant 2B$，$L \leqslant 25m$
C. $L \leqslant 2B$，$L \leqslant 24m$　　　D. $L \leqslant 2B$，$L \leqslant 20m$

7. 对于框支剪力墙与落地剪力墙协同工作体系，在抗震设计时，按照《抗震标准》的要求，落地横向剪力墙数量占全部横向剪力墙数量的百分比不少于（　　）。

A. 50%　　　　　　　　　　B. 55%
C. 60%　　　　　　　　　　D. 65%

8. 在7度地震区建造一幢高度为65m的高层综合办公楼，适合采用的结构体系为（　　）。

A. 框架结构　　　　　　　　B. 框架-剪力墙结构
C. 剪力墙结构　　　　　　　D. 筒中筒结构

9. 有关框架-剪力墙结构体系的受力变形特点，下列说法正确的是（　　）。

A. 大部荷载由剪力墙承担，框架只起辅助支撑作用
B. 框架的侧移变形，自顶层向下，层间位移越来越小，呈下凹形，以弯曲型为主
C. 框架的侧移变形，自顶层向下，层间位移越来越大，呈上凹形，以剪切型为主
D. 剪力墙的侧移变形，自底层向上，位移增量越来越大，呈上凹形，以剪切型为主

10. 框架-剪力墙结构的设计，应使其具备多道抗震设防线，剪力墙的抗侧刚度较大，承担大部分地震作用，作为第一道防线；框架作为第二道防线，需具备足够的能力和刚度承担第一道防线刚度退化后转移的内力，现行规范规定框架至少承受（　　）的地震作用。

A. 10%　　　　　　　　　　B. 15%
C. 20%　　　　　　　　　　D. 25%

11. 框架-剪力墙结构中为保证剪力墙具有足够的延性，不发生脆性的剪切破坏，每一道剪力墙不应过长，总高度与总长度之比H/L宜大于2，且连成一片的单个墙肢长度不宜大于（　　），否则应按剪力墙开洞的基本要求开洞。

A. 5m　　　　　　　　　　 B. 6m

C. 7m   D. 8m

12. 按照《抗震标准》规定：对于框架-剪力墙结构，其单片剪力墙刚度不宜过大，每道剪力墙承担的水平剪力不宜超过总水平剪力的（　　）。
   A. 40%   B. 45%
   C. 50%   D. 55%

13. 在布置剪力墙时，墙体中心线应与框架柱中心线相重合，任何情况下，剪力墙中心线偏离框架柱中心线的距离不宜大于柱子宽度的（　　）。
   A. 1/4   B. 1/5
   C. 1/6   D. 1/7

14. 某框架-剪力墙结构，18层，总高56m，采用现浇楼盖，抗震设防烈度为8度，为使楼层水平剪力可靠地传递给剪力墙，剪力墙的间距 s 应满足（　　）。（B 为楼盖的宽度）
   A. $s \leqslant 2B$，且 $s \leqslant 30\text{m}$ B. $s \leqslant 2B$，且 $s \leqslant 40\text{m}$
   C. $s \leqslant 3B$，且 $s \leqslant 40\text{m}$ D. $s \leqslant 3B$，且 $s \leqslant 50\text{m}$

15. 高层框架-剪力墙结构中，下列横向剪力墙布置符合《高层混凝土规程》的是（　　）。
   A. 宜均匀对称布置在建筑的楼电梯间及端部附近，但不应设置在平面形状变化的地方
   B. 宜均匀对称布置在建筑的楼梯电梯间，但不应设置在建筑的端部附近
   C. 宜均匀对称地设置在楼电梯间及平面形状变化处，但不宜设置在恒载较大的地方
   D. 宜均匀对称布置在建筑的端部附近，楼、电梯间，平面形状变化处

16. 外框筒柱的柱距以不大于（　　）为好。
   A. 2m   B. 2.5m
   C. 3m   D. 4m

17. 高层建筑采用筒中筒结构时，下列四种平面形状中，受力性能最差的是（　　）。
   A. 三角形   B. 圆形
   C. 正方形   D. 正多边形

18. 高层建筑采用钢筋混凝土筒中筒结构时，外筒柱子截面设计成（　　）最好。
   A. 圆形截面   B. 正方形截面
   C. 矩形截面，短边平行外墙放置   D. 矩形截面，长边平行外墙放置

19. 框筒结构是指由周边密集柱和高跨比很大的窗裙梁组成的结构，其立面孔洞面积不宜大于立面总面积的（　　）。
   A. 40%   B. 45%
   C. 50%   D. 60%

20. 下列关于高层建筑筒中筒结构的叙述，正确的是（　　）。
   Ⅰ. 筒中筒结构宜采用对称平面
   Ⅱ. 当为矩形平面时，长宽比不宜大于2
   Ⅲ. 筒中筒结构的高宽比不宜大于3
   Ⅳ. 外筒的柱距应大于层高
   A. Ⅰ、Ⅱ   B. Ⅱ、Ⅲ

C. Ⅲ、Ⅳ D. Ⅱ、Ⅳ

21. 筒体结构中，翼缘框架受力是通过与腹板框架相交的角柱传递过来的，角柱受力较大，故四角的柱子宜适当加大，一般截面加大（ ）倍。

   A. 1.5～2 B. 1.5～3
   C. 2～3 D. 3～4

22. 有关转换层结构体系的叙述，下列说法不正确的是（ ）。

   A. 可以得到局部较大的室内空间
   B. 有竖向构件不连续布置的情况
   C. 特指上层和下层结构类型转换
   D. 应限制转换层与其相邻楼层竖向刚度比

23. 某高层建筑要求底部为大空间，采用较好的结构体系为（ ）。

   A. 框架结构 B. 剪力墙结构
   C. 框架-剪力墙结构 D. 框支剪力墙结构

24. 对于框支剪力墙结构，按照《抗震标准》规定，框支层与其相邻上一楼层，其刚度比应尽量接近1，不应小于（ ）。

   A. 0.3 B. 0.4
   C. 0.5 D. 0.8

25. 某高层建筑，上部剪力墙结构楼层通过转换层改变为框架的同时，柱网轴线与上部楼层的轴线错开，形成上下结构不对齐的布置，应采取的技术措施为（ ）。

   A. 上层和下层结构类型转换 B. 上、下层的柱网、轴线改变
   C. 同时转换结构形式和结构轴线布置 D. 上述三者均可

26. （ ）转换层的最大优点是构造简单，受力合理，同时减少材料和降低自重，能适应较大跨度的转换。

   A. 梁式 B. 板式
   C. 桁架式 D. 箱式

三、多选题

1. 高层框架-剪力墙结构中，下列横向剪力墙布置不符合《高层混凝土规程》规定的是（ ）。

   A. 宜均匀对称布置在建筑的楼、电梯间及端部附近，但不应设置在平面形状变化的地方
   B. 宜均匀对称布置在建筑的楼、电梯间，但不应设置在建筑的端部附近
   C. 宜均匀对称地设置在楼、电梯间及平面形状变化处，但不宜设置在恒载较大的地方
   D. 宜均匀对称布置在建筑的端部附近，楼、电梯间，平面形状变化处

2. 根据《高层混凝土规程》，有关框架-剪力墙结构中的剪力墙的构造要求，下列说法符合要求的是（ ）。

   A. 剪力墙周边应设置梁和端柱形成边框
   B. 边框架梁上下纵筋配筋率均不应小于0.3%，箍筋不少于 $\phi 6@200$

C. 墙体水平和竖向分布钢筋宜分别贯通梁、柱锚固

D. 端柱箍筋应全高加密

四、判断题

1. 束筒结构中，由于腹板框架数量多，即翼缘框架与腹板框架相交的"角柱"增加，这样可以大大增加剪力滞后效应。（　　）

2. 筒中筒结构体系的变形：框筒的侧向变形以弯曲变形为主，内筒一般以剪切变形为主，总体的侧移曲线呈弯剪型。（　　）

3. 将上部剪力墙转换为下部的框架，以创造一个较大的内部活动空间，宜优先采用箱式转换。（　　）

4. 同时转换结构形式和结构轴线布置，通常采用的方案是厚板转换构件或箱式转换构件进行间接传力。（　　）

5. 采用箱式转换构件，它的优点在于下层柱网可以灵活布置，不必严格与上层结构对齐，但缺点在于自重增大，材料消耗很多。（　　）

五、简答题

1. 简述框架-剪力墙结构的受力特点。

2. 框架-剪力墙结构中剪力墙的布置要求是什么？

参考答案

教学单元5　多层及高层钢筋混凝土房屋

教学单元6 砌体结构

知识点小结

一、砌体的材料

砌体的材料主要包括块材和砂浆。块材包括砖、砌块和石材，砂浆按配料成分不同分为水泥砂浆、水泥混合砂浆、非水泥砂浆和专用砌块砌筑砂浆。

二、砌体的种类

砌体分为无筋砌体和配筋砌体两类。无筋砌体包括砖砌体、石砌体和砌块砌体。配筋砌体包括网状配筋砌体、组合砖砌体和配筋砌块砌体。不同种类的砌体具有不同的特点，选用时，应本着因地制宜、就地取材的原则，根据建筑物荷载的大小和性质，并满足建筑物的使用要求和耐久性等方面的要求合理选用。

三、影响砌体抗压强度的因素

影响砌体抗压强度的因素主要有：(1)砌体材料强度；(2)砂浆的性能；(3)块材的尺寸、形状及水平灰缝厚度；(4)砌筑质量。

四、砖砌体受压构件破坏特征

砖砌体轴心受压破坏过程可分为三个阶段：单砖出裂缝、裂缝贯穿若干皮砖、形成若干独立小柱而后失稳。砖砌体的抗压强度明显低于它所用砖的抗压强度，这是因为砖砌体中的砖是处于压、弯、剪、拉复合应力状态。

五、无筋砌体受压承载力计算

1. 砌体结构受压构件承载力随偏心距 e 和高厚比 β 的增大而明显降低，这种不利影响可用影响系数 φ 来综合考虑。φ 值与砂浆强度等级、构件的高厚比 β 以及偏心程度 e/h 有关。

2. 整体受压承载力计算公式 $N \leqslant \varphi f A$，适用于偏心距较小的受压构件。过大的偏心距易在使用阶段产生较宽的使用裂缝，并使刚度下降，承载力显著降低。偏心距由内力设计值计算：$e = M/N$，并规定 $e \leqslant 0.6y$。限制偏心距的大小，就是限制使用时的裂缝宽度，以满足正常使用极限状态的要求。若 $e>0.6y$，则应采取相应措施，或设计成组合砖砌体。

六、无筋砌体局部受压承载力计算

1. 砌体局部受压分为局部均匀受压和局部非均匀受压两种情况。局部受压可能发生三种破坏形态：①因纵向裂缝的发展而破坏，这种破坏为砌体局部受压破坏中的基本破坏形态；②劈裂破坏，当砌体截面积较大而局部受压面积很小时发生这种破坏形态，为脆性破坏，在设计中应避免；③局部压碎破坏，当砌体强度很低时发生这种破坏形态，一般通过限制砌体材料的最低强度等级避免此种破坏。

2. 砌体局部抗压强度较全截面抗压强度有所提高的原因主要有两点：①局部受压范围周围的砌体，对局部受压范围存在侧向约束作用，即受周围砌体的"套箍"作用，这种作用使其裂缝出现延迟并减小，增加了砌体局部受压承载力；②局部受压面上的压应力在向下传递过程中逐渐扩散，也有利于砌体承载力的提高。局部抗压强度用局部抗压强度提高系数 γ 乘以砌体抗压强度 f 表示。

七、砌体结构的承重方案

据竖向荷载传递方式不同，砌体房屋的结构布置方案可分为四种：横墙承重方案、纵墙承重方案、纵横墙承重方案、内框架承重方案。它们在房屋的使用功能、刚度、整体性等诸多方面各具特点。

八、砌体结构房屋的静力计算方案

房屋空间作用的强弱，用空间性能影响系数 η 表示。根据空间作用强弱，砌体结构房屋静力计算方案分为刚性方案、弹性方案、刚弹性方案三种。其划分依据主要是刚性横墙的间距及屋盖、楼盖的类型。

九、墙、柱高厚比验算

墙、柱高厚比验算的目的是保证墙、柱在施工阶段和使用阶段的稳定性。验算的基本条件是墙、柱的计算高度 H_0 与墙厚或柱的边长 h 之比应小于砌体规范规定的允许高厚比 $[\beta]$。承重墙和自承重墙均需验算高厚比，根据具体情况可分为矩形截面墙柱高厚比验算、带壁柱墙高厚比验算（整片墙、壁柱间墙）和带构造柱墙高厚比验算（整片墙、构造柱间墙）。

十、砌体房屋的构造措施

砌体房屋除应进行墙柱承载力和高厚比验算外，还应满足一般构造要求。引起墙体开裂的主要因素有温度收缩变形和地基的不均匀沉降，应按规定设置伸缩缝、圈梁、构造柱等加强措施。

十一、过梁

过梁分为砖砌过梁和钢筋混凝土过梁。作用在过梁上的荷载有墙体荷载和过梁计算范围内的梁板荷载，墙体荷载、梁板荷载是否考虑和如何计算取值按照规定进行。

十二、墙梁

按承受荷载的情况，墙梁分为承重墙梁和非承重墙梁；按照支承条件分为简支墙梁、框支墙梁和连续墙梁。影响墙梁破坏形态的因素主要有：墙体的高跨比、托梁的高跨比、砌体和混凝土的强度、托梁纵筋配筋率、剪跨比以及墙体开洞情况、支承情况等。墙梁的破坏形态分为弯曲破坏、剪切破坏和局部受压破坏。

十三、挑梁

挑梁的受力过程分为弹性阶段、裂缝发展阶段、破坏阶段；挑梁的破坏形态分为挑梁的倾覆破坏、挑梁下砌体的局部受压破坏、挑梁自身破坏三种。

十四、无筋砌体房屋的震害

无筋砌体房屋的震害大体分为：房屋整体倒塌、局部倒塌、墙体裂缝、附属构件破坏等。房屋的震害严重程度与房屋所处的地震烈度有直接关系，一般情况下烈度越高，震害越严重。同时，房屋抗震设计合理与否、施工质量好坏对房屋的抗震性能有重要的关系。

十五、砌体房屋抗震概念设计

为了保证砌体房屋有较好的抗震性能，首先要掌握抗震设计的主要原则，做好概念设计：①建筑物的平面、立面宜规则、对称，防止局部有过大的突出或凹进，当建筑平面或立面较复杂时，宜用防震缝将其分为简单的独立单元；②结构布置宜均匀对称；③满足房屋最大高度、最大高宽比的限值及局部尺寸的限值；④合理布置圈梁、构造柱及芯柱，加强薄弱部位的连接等。

章节练习

6.1 砌体材料及力学性能

一、填空题

1. 砌体材料主要包括_____和_____两种。
2. 我国目前的块材主要有_____、_____和_____。
3. 我国烧结普通砖的规格为_____。
4. 砌体结构中常用的普通砌筑砂浆为_____、_____和_____。
5. 我国《砌体验收规范》将砌筑施工质量控制等级分为_____、_____和_____级。
6. 《砌体规范》中所给的块材的抗压强度设计值是根据施工质量控制等级为_____级时的强度。
7. 根据钢筋设置的方式，配筋砌体分为两种类型，一种是_____；另一种是_____。

二、单选题

1. 我国的烧结普通实心砖具有统一规格，其尺寸（mm）为（　　）。
   A. 240×120×53　　　　　　　　B. 240×120×60
   C. 240×115×53　　　　　　　　D. 240×115×90

2. 对于混凝土小型空心砌块，其主规格尺寸（mm）为（　　）。
   A. 300×180×180　　　　　　　B. 350×190×190
   C. 400×180×180　　　　　　　D. 400×190×190

3. 烧结普通砖的强度等级是根据（　　）划分的。
   A. 砖的抗压强度平均值和抗拉强度平均值
   B. 砖的抗压强度平均值和抗压强度标准值或砖的抗压强度平均值和单块最小抗压强度值
   C. 砖的抗压、抗拉、抗弯和抗剪强度平均值
   D. 砖的抗压强度设计值

4. 细料石是指：通过细加工，外形规则，叠砌面凹入深度不应大于（　　），截面宽度、高度不应小于200mm，且不应小于长度的1/4。
   A. 6mm　　　　　　　　　　　B. 8mm
   C. 10mm　　　　　　　　　　　D. 12mm

5. 块体和砂浆的强度等级是按（　　）划分
   A. 抗压强度　　　　　　　　　　B. 抗拉强度
   C. 抗剪强度　　　　　　　　　　D. 抗扭强度

6. 某砌体结构建筑地基土很潮湿，其防潮层以下的砌筑材料采用烧结普通砖，则下列说法符合规范规定的是（　　）。
   A. 烧结普通砖等级不应低于MU15　　B. 烧结普通砖等级不应低于MU20
   C. 烧结普通砖等级不应低于MU25　　D. 烧结普通砖等级不应低于MU30

7. 按照《砌体验收规范》规定，砖砌体的水平及竖向灰缝厚度宜为（　　）。
   A. 8mm　　　　　　　　　　　B. 9mm
   C. 10mm　　　　　　　　　　　D. 12mm

8. 砖砌体的抗压强度主要取决于（　　）。
   A. 砖和砂浆的强度等级　　　　　B. 施工质量
   C. 灰缝厚度　　　　　　　　　　D. 砂浆中水泥的用量

9. 其他条件完全相同，在强度等级为M2.5水泥砂浆砌筑的砌体和强度等级为M2.5混合砂浆砌筑的砌体中，水泥砂浆砌筑砌体的抗压强度比混合砂浆砌筑砌体的抗压强度（　　）。
   A. 高　　　　　　　　　　　　　B. 低
   C. 相等　　　　　　　　　　　　D. 可能大也可能小

10. 施工阶段砂浆尚未硬化的新砌体，砌体强度（　　）。
    A. 按零计算　　　　　　　　　　B. 按实际计算
    C. 按75%计算　　　　　　　　　D. 按50%计算

11. 砖砌体的抗压强度较砖的抗压强度（　　）。
A. 高　　　　　　　　　　　　　　　B. 低
C. 相同　　　　　　　　　　　　　　D. 可能高也可能低

12. 有关砌体材料强度对砌体抗压强度的影响，下列说法正确的是（　　）。
A. 提高砂浆强度等级，比提高块材等级对提高砌体强度更有效
B. 提高块材强度等级，比提高砂浆等级对提高砌体强度更有效
C. 提高块材强度等级，与提高砂浆等级对提高砌体强度效果相同
D. 以上三种可能都存在

三、多选题

1. 砖砌体的强度与砖和砂浆强度的关系说法正确的是（　　）。
A. 砖的抗压强度恒大于砂浆的抗压强度
B. 砂浆的抗压强度恒小于砖的抗压强度
C. 砌体的抗压强度随着砂浆的强度提高而提高
D. 砌体的抗压强度随着砖的强度提高而提高

2. 对于同一强度等级的水泥砂浆、水泥石灰砂浆，下列叙述正确的是（　　）。
A. 用水泥砂浆砌筑的砌体比用水泥石灰砂浆砌筑的砌体强度要高
B. 水泥砂浆的和易性、保水性比水泥石灰砂浆差
C. 水泥砂浆砌体的防潮性能比水泥石灰砂浆好
D. 施工操作时水泥砂浆的施工难度小于水泥石灰砂浆

3. 无筋砌体包括（　　）。
A. 砖砌体　　　　　　　　　　　　　B. 组合砖砌体
C. 砌块砌体　　　　　　　　　　　　D. 石砌体

4. 配筋砌体包括（　　）。
A. 网状配筋砌体　　　　　　　　　　B. 组合砖砌体
C. 砌块砌体　　　　　　　　　　　　D. 配筋混凝土砌块砌体

5. 影响砌体抗压强度的因素有（　　）。
A. 块材和砂浆的强度　　　　　　　　B. 块材的尺寸和形状
C. 水平灰缝的厚度　　　　　　　　　D. 砂浆铺砌时的流动性

6. 下面关于砌体抗压强度的影响因素，说法错误的是（　　）。
A. 砌体中灰缝越厚，砌体的抗压强度越高
B. 块体的外形越规则、平整，砌体的抗压强度越高
C. 砂浆的流动性越好，越容易砌筑，砌体的抗压强度越高
D. 砌体抗压强度随砂浆和块体的强度等级的提高而增大，且增大的程度相同

7. 按照《砌体验收规范》规定，有关砌体灰缝的砂浆饱满度，下列说法准确的是（　　）。
A. 砖墙的水平灰缝的砂浆饱满度不得小于75%
B. 砖柱的水平和竖向灰缝的砂浆饱满度不得小于90%
C. 混凝土小型空心砌块砌体的水平灰缝的砂浆饱满度不得小于90%
D. 砌体灰缝的砂浆饱满度不应小于80%

四、判断题

1. 砌体抗压强度随砌体水平灰缝砂浆厚度的增加而增加。（   ）
2. 烧结普通砖、烧结多孔砖砌筑前应该浇水湿润，其主要目的是避免砂浆结硬时失水而影响砂浆的强度。（   ）
3. 水泥砂浆的流动性和保水性优于混合砂浆。（   ）
4. 网状配筋砖砌体的钢筋网应设置在砌体的竖向灰缝中。（   ）

五、简答题

1. 影响砌体抗压强度的主要因素是什么？

2. 砌体结构的优缺点是什么？

3. 在砌体中，砂浆有什么作用？

4. 为什么一般情况下砌体的抗压强度远小于块体的抗压强度？

6.2　砌体结构基本构件

一、填空题

1. 设置刚性垫块时，垫块的厚度不宜小于_____，自梁边算起的垫块挑出长度不宜大于_____。

2. 《砌体规范》提出轴向力的偏心距 e 按荷载设计值计算并不应超过_____（y 为截面重心到轴向力所在偏心方向截面边缘的距离）。

3. 网状配筋砌体体积配筋率不应小于_____，也不应大于_____。

二、单选题

1. 下面关于砌体强度设计值调整系数 γ_a 的说法不正确的是（　　）。

　　A. 验算用水泥砂砌筑的砌体时，$\gamma_a < 1$，因为水泥砂浆的和易性差

　　B. 验算施工中房屋构件时，$\gamma_a < 1$，因为砂浆没有结硬

　　C. 砌体截面面积 $A < 0.3m^2$ 时，$\gamma_a = 0.7 + A$，因为截面面积较小的砌体构件，局部碰损或缺陷对强度的影响较大

　　D. 当采用 A 级施工质量控制等级时，可取 $\gamma_a = 1.05$，因为 A 级施工质量控制等级要求更严格

2. 关于砌体受压构件的承载力计算公式 $N \leq \varphi A f$，下面说法正确的是（　　）。

　　① A—毛截面面积；

　　② A—扣除孔洞的净截面面积；

　　③ φ—考虑高厚比 β 和轴向力的偏心距 e 对受压构件强度的影响；

　　④ φ—考虑初始偏心 e_0 对受压构件强度的影响。

　　A. ②、③　　　　　　　　　　B. ①、④

　　C. ②、④　　　　　　　　　　D. ①、③

3. 砌体局部受压强度提高的主要原因是（　　）。

　　A. 局部砌体处于三向受力状态　　B. 套箍作用和应力扩散作用

　　C. 受压面积小　　　　　　　　D. 砌体起拱作用而卸荷

4. 当施工质量控制等级为 C 时，其砌体抗压强度设计值应乘以（　　）的调整系数。

　　A. 0.8　　　　　　　　　　　B. 0.9

　　C. 0.89　　　　　　　　　　　D. 1.05

5. 砌体在轴心受压时，块体的受力状态为（　　）。

　　A. 扭矩、剪力、压力、拉力　　B. 弯矩、扭矩、剪力、压力

　　C. 弯矩、剪力、压力、拉力　　D. 弯矩、扭矩、压力、拉力

6. 有关无筋砌体的抗压强度，下列说法正确的是（　　）。

　　A. 砌体的抗压强度一般低于单个块材的抗压强度

　　B. 单个块材的抗压强度一般低于砌体的抗压强度

　　C. 二者的抗压强度一致

　　D. 不确定

7. 砌体结构采用强度等级小于 M5.0 的水泥砂浆砌筑时，则其抗压强度设计值应乘以调整系数（　　）。

　　A. 0.8　　　　　　　　　　　B. 0.85

　　C. 0.89　　　　　　　　　　　D. 0.9

8. 对于无筋砌体构件，其结构截面面积 $A < 0.3m^2$ 时，其强度设计值应乘以调整系数（　　）。

A. 0.7 B. 0.89
C. 0.9 D. 0.7+A

9. 砌体结构受压构件偏心距过大时，可能使构件产生水平裂缝，其承载力明显下降，故《砌体规范》规定：轴向力偏心距不应超过（   ）。（其中 y 为截面重心到轴向力所在偏心方向截面边缘的距离）

A. $0.5y$ B. $0.55y$
C. $0.6y$ D. $0.65y$

10. 砌体局部受压时，其局部受压砌体的抗压强度（   ）。

A. 有所减小 B. 不变
C. 有所提高 D. 不确定

11. 砌体的内拱卸载作用，对砌体的局部受压（   ）。

A. 有利 B. 不利
C. 没有影响 D. 不确定

12. 按照《砌体规范》规定，砌体的局部受压承载力计算时，过梁和圈梁的梁端底面应力图形完整系数 η 取值为（   ）。

A. 0.7 B. 0.8
C. 0.9 D. 1.0

13. 按照《砌体规范》规定，有关网状配筋砌体的体积配箍率，下列说法符合要求的是（   ）。

A. 体积配筋率范围为 0.1%~0.6% B. 体积配筋率范围为 0.1%~1.0%
C. 体积配筋率范围为 0.2%~1.0% D. 体积配筋率范围为 0.2%~1.2%

14. 对于网状配筋砌体，为保证钢筋与砂浆有足够的粘结力，砂浆的强度等级不应低于 M7.5，且应保证钢筋上下的砂浆层厚度不小于（   ）。

A. 1mm B. 1.5mm
C. 2mm D. 2.5mm

15. 若组合砖砌体构件采用水泥砂浆面层，则其面层砂浆强度等级不宜低于（   ）。

A. M5 B. M7.5
C. M10 D. M15

16. 对于组合砖砌体构件，当面层厚度大于（   ）时，宜采用混凝土面层。

A. 30mm B. 35mm
C. 40mm D. 45mm

17. 对于组合砖砌体墙，其水平分布钢筋竖向间距及拉筋水平间距均不应大于（   ）。

A. 300mm B. 400mm
C. 500mm D. 600mm

18. 砖砌体和钢筋混凝土构造柱组合墙，构造柱可布置在墙体的两端及中部，一般其间距不大于（   ）。

A. 3m B. 4m
C. 5m D. 6m

三、多选题

1. 有关砌体强度的调整系数 γ_a，下列说法符合规范规定的是（　　）。（其中 y 为截面重心到轴向力所在偏心方向截面边缘的距离）

   A. 对于无筋砌体构件，其结构截面面积 $A<0.3\text{m}^2$ 时，$\gamma_a=0.7+A$

   B. 对于配筋砌体构件，其结构截面面积 $A<0.3\text{m}^2$ 时，$\gamma_a=0.8+A$

   C. 对于配筋砌体构件，其结构截面面积 $A<0.2\text{m}^2$ 时，$\gamma_a=0.8+A$

   D. 验算施工中房屋的构件时，$\gamma_a=1.1$

2. 某截面尺寸、砂浆、块体强度等级都相同的墙体，下面说法正确的是（　　）。

   A. 承载能力随相邻横墙间距增加而增大　　B. 承载能力随高厚比减小而增加

   C. 承载能力随偏心距的增大而减小　　　　D. 承载能力不变

3. 验算砌体受压构件承载力时，（　　）。

   A. 影响系数随轴向力偏心距的增大和高厚比的减小而减小

   B. 影响系数随轴向力偏心距的增大和高厚比的增大而增大

   C. 影响系数随轴向力偏心距的减小和高厚比的减小而增大

   D. 对于砖柱，若是截面长边方向偏心受压，还必须对截面短边方向按轴心受压构件验算

4. 砌体局部受压可能的破坏形态包括（　　）。

   A. 劈裂破坏　　　　　　　　　　　　B. 竖向裂缝发展导致的破坏

   C. 斜压破坏　　　　　　　　　　　　D. 局压面积处局部破坏

5. 砌体局部受压强度提高的原因有（　　）。

   A. 应力扩散作用

   B. 受压面积小

   C. 局部砌体处于三向受压状态

   D. 周围未直接受荷部分对局部直接受荷部分的套箍作用

6. 梁端局部承载力不足时，可在梁端下设置刚性垫块，下列有关刚性垫块的说法符合规范规定的是（　　）。

   A. 垫块的高度不宜小于 180mm

   B. 垫块自梁边的挑出长度不应小于垫块高度

   C. 带壁柱墙的壁柱内设置的刚性垫块，计算面积取壁柱范围内面积和翼缘部分面积之和

   D. 垫块伸入翼墙内的长度不应小于 120mm

7. 有关网状配筋砌体，下列说法正确的是（　　）。

   A. 配筋率越大，承载力越高

   B. 钢筋粗细应适度，直径宜为 3~4mm

   C. 网内钢筋间距应在 30~120mm 之间

   D. 钢筋网间距不应大于 3 匹砖，并不应大于 400mm

8. 有关组合砖砌体构件的竖向受力钢筋，下列说法符合规范规定的是（　　）。

   A. 竖向受力钢筋直径不应小于 8mm，间距不应小于 30mm

   B. 受拉钢筋的配筋率不应小于 0.1%

   C. 受压钢筋的配筋率，砂浆面层不宜小于 0.1%

D. 受压钢筋的配筋率，混凝土面层不应小于 0.1%

9. 组合砖砌体构件设置附加箍筋时，下列说法符合规范规定的是（　　）。

A. 箍筋直径不宜小于 4mm 及 0.2 倍压筋直径，且不宜大于 6mm
B. 箍筋直径不宜小于 4mm 及 0.25 倍压筋直径，且不宜大于 8mm
C. 箍筋间距不应小于 120mm，且不应大于 500mm 及 20 倍压筋直径
D. 箍筋间距不应小于 150mm，且不应大于 600mm 及 20 倍压筋直径

10. 砖砌体和钢筋混凝土构造柱组合墙，下列有关其构造柱的说法符合规范规定的是（　　）。

A. 箍筋构造柱截面尺寸不宜小于 240mm×240mm，其厚度不应小于墙厚
B. 柱内纵向受力钢筋：中柱不小于 4ϕ10，边柱、角柱不小于 4ϕ12
C. 与砖砌体连接处应砌成马牙槎，并应沿墙高每 500mm 设置 2ϕ6 的拉结筋
D. 施工顺序为先浇柱，后砌墙
E. 构造柱可不单独设置基础，但应伸入室外地坪下 500mm

11. 砌体强度设计值在以下的（　　）情况下需进行调整。

A. 采用混合砂浆砌筑的各类砌体
B. 强度等级小于 M5 的水泥砂浆砌筑砌体的抗剪强度
C. 构件截面面积小于 $0.30m^2$ 的无筋砌体构件
D. 砌体截面面积等于 $0.30m^2$ 的配筋砌体构件

12. 影响受压构件承载影响系数 φ 的因素是（　　）。

A. 偏心距 e 　　　　　　　　　B. 构件的高厚比
C. 构件砂浆强度等级　　　　　D. 构件的施工误差

四、判断题

1. 砌体局部受压时，其抗压强度降低。（　　）
2. 无筋砌体偏心受压构件的偏心距不应大于 $0.6y$。（　　）
3. 砌体高厚比大于 3 的柱叫作长柱。（　　）
4. 轴心受压长柱，高厚比越大，构件承载力越小。（　　）
5. 偏心距越大，构件承载力越小。（　　）
6. 内拱卸载效应对砌体的局部受压不利。（　　）
7. 当梁端局部受压承载力不足时，可以设置刚性垫块或垫梁。（　　）

五、简答题

1. 无筋砌体受压构件对偏心距 e 有何限制？为什么？

2. 什么是砌体局部受压？

3. 砌体在局部受压时，为什么其局部受压强度会提高？

4. 什么是砌体均匀局部受压？什么是砌体不均匀局部受压？

5. φ 是什么系数？影响它的因素有哪些？

6. 砌体局部受压可能发生哪几种破坏形态？

7. 试述网状配筋砖砌体的受压性能（破坏的三个阶段）。

六、计算题

1. 一矩形截面偏心受压砖柱，截面尺寸 370mm×560mm，柱的计算高度为 5.6m，承受轴向力设计值 $N=100$kN，弯矩设计值 $M=13$kN·m（弯矩沿长边方向）。该柱用 MU10 烧结黏土砖和 M5 混合砂浆砌筑，施工质量控制等级为 B 级。试验算柱的承载力。

2. 某一承受轴心压力砖柱，截面尺寸为 490mm×490mm，采用 MU10 烧结普通砖、M2.5 混合砂浆砌筑，柱的计算高度 4.5m，在柱顶产生的轴心力设计值为 180kN。试验算柱承载力。

3. 某砖柱，采用 MU20 蒸压粉煤灰砖及 M5 水泥砂浆砌筑，柱截面尺寸为 490mm×620mm，计算高度为 6m，轴向压力设计值 $N=300$kN，偏心距 $e=90$mm。试验算该砖柱的承载力。

4. 已知某单层无吊车工业房屋窗间墙，截面尺寸如图所示，墙计算高度 $H_0=6.5\text{m}$，采用 MU20 灰砂砖及 M5 水泥砂浆砌筑，施工质量控制 B 级。荷载设计值产生的轴向力 $N=500\text{kN}$，弯矩 $M=65\text{kN}\cdot\text{m}$，荷载偏向翼缘一侧。试验算该墙截面的承载能力。

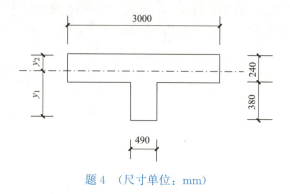

题 4 （尺寸单位：mm）

5. 已知大梁截面尺寸为 $b\times h=200\text{mm}\times 500\text{mm}$，梁在墙上的支承长度 $a=250\text{mm}$，支座反力设计值 $N_l=100\text{kN}$，由上部传来的轴力设计值 $N_0=150\text{kN}$，窗间墙截面为 $1200\text{mm}\times 370\text{mm}$。用 MU10 烧结普通砖和 M5 混合砂浆砌筑。试验算房屋外纵墙上大梁端下部砌体局部非均匀受压的承载能力。如不满足局部受压要求，则在梁底设置预制刚性垫板（预制垫块尺寸可取 $b_b\times h_b=370\text{mm}\times 500\text{mm}$，厚度 $t_b=180\text{mm}$），此时局部承载力是否满足要求。

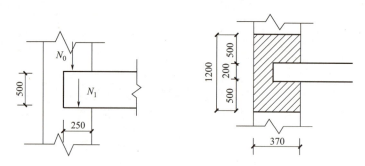

题 5 （尺寸单位：mm）

6.3 砌体结构的承重方案与空间工作性能

一、填空题

1. 砌体房屋的结构布置方案可分为四种：_____、_____、_____和_____。
2. 混合结构房屋根据空间作用大小不同，可分为_____、_____和_____三种静力计算方案。

二、单选题

1. （　　）空间刚度大，整体性好，楼屋盖材料用量少，但墙体材料用量较多，房屋平面布置受限制，多用于住宅、宿舍、招待所等横墙较密的建筑。
   A. 纵横墙承重体系　　　　　　　　B. 纵墙承重体系
   C. 横墙承重体系　　　　　　　　　D. 内框架承重体系
2. 砌体房屋的静力计算，根据（　　）分为刚性方案、弹性方案和刚弹性方案。
   A. 房屋的层数　　　　　　　　　　B. 房屋的高度
   C. 荷载的大小　　　　　　　　　　D. 房屋的空间工作性能
3. 刚性和刚弹性方案房屋的横墙厚度不宜小于（　　）。
   A. 120mm　　　　　　　　　　　　B. 180mm
   C. 200mm　　　　　　　　　　　　D. 250mm
4. 刚性和刚弹性方案房屋的横墙中开有洞口时，洞口的水平截面面积不应超过横墙截面面积的（　　）。
   A. 40%　　　　　　　　　　　　　B. 50%
   C. 55%　　　　　　　　　　　　　D. 60%
5. 刚性和刚弹性方案单层房屋的横墙长度不宜小于其高度，多层房屋的横墙长度不宜小于横墙总高度的（　　）。
   A. 1/4　　　　　　　　　　　　　B. 1/3
   C. 1/2　　　　　　　　　　　　　D. 2/3
6. 相同类型楼屋盖的砌体房屋静力计算方案，应根据（　　）确定。
   A. 房屋的总层数　　　　　　　　　B. 房屋的总高度
   C. 房屋的横墙间距　　　　　　　　D. 房屋的纵墙间距
7. 对于现浇钢筋混凝土屋盖，横墙间距小于32m时，砌体结构房屋的静力计算方案属于（　　）。
   A. 刚弹性方案　　　　　　　　　　B. 弹性方案
   C. 刚性方案　　　　　　　　　　　D. 不能确定
8. 对于装配式有檩体系钢筋混凝土屋盖，当横墙间距满足（　　）时，砌体结构房屋可按照刚弹性方案计算。
   A. $16 \leqslant s \leqslant 36$　　　　　　　　　B. $20 \leqslant s \leqslant 36$
   C. $20 \leqslant s \leqslant 48$　　　　　　　　　D. $32 \leqslant s \leqslant 76$

9. 当横墙不能同时满足《砌体规范》规定的刚性和刚弹性方案横墙要求时，如果其最大水平位移与横墙总高度的比值满足（　　），仍可视为刚性和刚弹性方案房屋。

A. $\dfrac{\mu_{\max}}{H} \leqslant \dfrac{1}{2500}$ 　　B. $\dfrac{\mu_{\max}}{H} \leqslant \dfrac{1}{3000}$

C. $\dfrac{\mu_{\max}}{H} \leqslant \dfrac{1}{3500}$ 　　D. $\dfrac{\mu_{\max}}{H} \leqslant \dfrac{1}{4000}$

10. 下列屋盖和楼盖形式，（　　）的刚性方案允许房屋横墙间距最小。

A. 整体式钢筋混凝土屋盖 　　B. 装配式有檩体系轻钢屋盖
C. 石棉水泥瓦轻钢屋盖 　　D. 有密铺望板的木屋盖

11. 在相同的水平荷载作用下，刚性方案房屋墙顶水平位移和弹性方案房屋墙顶水平位移的关系是（　　）。

A. 刚性方案房屋墙顶水平位移大于弹性方案房屋的墙顶水平位移
B. 刚性方案房屋墙顶水平位移小于弹性方案房屋的墙顶水平位移
C. 刚性方案房屋墙顶水平位移等于弹性方案房屋的墙顶水平位移
D. 无法比较

三、多选题

1. 砌体结构的承重方案包括（　　）。

A. 横墙承重方案 　　B. 纵墙承重方案
C. 纵横墙承重方案 　　D. 内框架承重方案

2. 混合结构房屋的空间刚度与（　　）有关。

A. 屋盖（楼盖）类别 　　B. 横墙间距
C. 有无山墙 　　D. 施工质量

3. 根据房屋的空间工作性能，房屋的静力计算方案分为（　　）。

A. 弹性方案 　　B. 刚性方案
C. 塑性方案 　　D. 刚弹性方案

4. 有关砌体结构房屋的静力计算方案，在确定计算简图时，下列说法正确的是（　　）。

A. 刚性方案，可按具有不动铰支座的平面排架计算
B. 刚弹性方案，可按具有不动铰支座的平面排架计算
C. 刚弹性方案，可按具有弹性支座的平面排架计算
D. 弹性方案，可按平面排架计算

四、判断题

1. 对于无山墙或伸缩缝处无横墙的房屋，应按弹性方案考虑。（　　）
2. 横墙承重方案房屋的荷载传递路线：板→纵墙或横墙→基础→地基。（　　）
3. 弹性方案计算简图可将屋盖或者楼盖视为墙、柱的水平不动铰支座。（　　）
4. 作为刚性或者刚弹性方案的房屋的横墙必须有足够的刚度。（　　）
5. 因为平行房屋长向的墙称为纵墙，所以纵墙承重时房屋的空间刚度最好。（　　）
6. 混合结构房屋的空间性能影响系数 η 是反映房屋在荷载作用下的空间作用，η 值越

大空间作用越小。（　　）

五、简答题

1. 砌体结构房屋结构布置方案有几种？各有何优缺点？

2. 房间空间静力计算方案分为几类？设计时的划分依据是什么？

3. 刚性、刚弹性横墙的要求是什么？

4. 确定静力计算方案的目的是什么？

6.4　墙、柱高厚比验算

一、填空题

1. 在矩形截面 $e/h>$ ＿＿＿＿＿ 或高厚比 $\beta=H_0/h>$ ＿＿＿＿＿ 时，不宜采用网状配筋砖砌体。

2. 墙、柱高厚比是＿＿＿＿＿与＿＿＿＿＿之比。

3. 墙、柱的高厚比验算是保证砌体房屋施工阶段和使用阶段＿＿＿＿＿与＿＿＿＿＿的一项重要构造措施。

4. 带壁柱的砖墙要分别进行＿＿＿＿＿和＿＿＿＿＿高厚比的验算。

二、单选题

1. 下列论述不正确的是（　　）。
   A. 墙、柱的高厚比系指墙、柱的计算高度 H_0 与墙厚或矩形截面柱对应边长的比值
   B. 墙、柱的允许高厚比值与墙、柱的承载力计算有关
   C. 墙、柱的高厚比验算是砌体结构设计的重要组成部分
   D. 高厚比验算是保证砌体结构构件稳定性的重要构造措施之一

2. 在壁柱间墙的高厚比验算中，计算墙的计算高度 H_0 时，墙长 s 取（　　）。
   A. 壁柱间墙的距离　　　　　　　　B. 横墙间的距离
   C. 墙体的高度　　　　　　　　　　D. 壁柱墙体高度的 2 倍

3. 带壁柱墙的高厚比验算公式为 $\beta = \dfrac{H_0}{h_T} \leqslant \mu_1 \mu_2 [\beta]$，其中 h_T 采用（　　）。
   A. 壁柱的厚度　　　　　　　　　　B. 壁柱和墙厚的平均值
   C. 墙的厚度　　　　　　　　　　　D. 带壁柱墙的折算厚度

4. 高厚比 $\leqslant$（　　）的砖柱，称为短柱。
   A. 2　　　　　　　　　　　　　　 B. 3
   C. 6　　　　　　　　　　　　　　 D. 8

5. 墙、柱的计算高度 H_0 与其相对应计算高度方向的截面尺寸 h 的比值，称为（　　）。
   A. 高宽比　　　　　　　　　　　　B. 高长比
   C. 高厚比　　　　　　　　　　　　D. 长厚比

6. 墙体作为受压构件的稳定性通过（　　）验算。
   A. 高宽比　　　　　　　　　　　　B. 高厚比
   C. 高长比　　　　　　　　　　　　D. 长宽比

7. 当砂浆强度等级为 M2.5 时，无筋砖墙的允许高厚比 $[\beta]$ 值为（　　）。
   A. 15　　　　　　　　　　　　　　B. 16
   C. 22　　　　　　　　　　　　　　D. 24

8. 当砂浆强度等级为 M2.5 时，无筋砖柱的允许高厚比 $[\beta]$ 值为（　　）。
   A. 12　　　　　　　　　　　　　　B. 15
   C. 16　　　　　　　　　　　　　　D. 22

9. 当砂浆强度等级为 M5.0 时，无筋砖墙的允许高厚比 $[\beta]$ 值为（　　）。
   A. 15　　　　　　　　　　　　　　B. 18
   C. 22　　　　　　　　　　　　　　D. 24

10. 配筋砖柱的允许高厚比 $[\beta]$ 值为（　　）。
    A. 15　　　　　　　　　　　　　 B. 16
    C. 17　　　　　　　　　　　　　 D. 21

11. 多层房屋按刚性方案计算，当横墙间距 s 不大于墙体高度 H 时，其带壁柱墙体的计算高度为（　　）。
    A. $1.0H$　　　　　　　　　　　　B. $1.2H$
    C. $0.6s$　　　　　　　　　　　　D. $0.4s + 0.2H$

12. 当墙上开门窗洞口时，墙体的（　　）。
   A. 允许高厚比[β]增大　　　　　　B. 允许高厚比[β]减小
   C. 允许高厚比[β]不变　　　　　　D. 砌体强度降低
13. 自承重墙和承重墙相比，自承重墙的（　　）。
   A. 允许高厚比[β]增大　　　　　　B. 允许高厚比[β]减小
   C. 允许高厚比[β]不变　　　　　　D. 墙体的厚度应该减小
14. 设计墙体时，若验算高厚比不满足要求，可增加（　　）。
   A. 拉接墙间距　　　　　　　　　　B. 纵墙的间距
   C. 墙体厚度　　　　　　　　　　　D. 建筑面积

三、多选题

1. 墙柱高度比的验算是砌体结构一项主要的构造措施，其意义是（　　）。
   A. 保证构件具有足够的刚度，避免出现过大的侧向变形
   B. 使构件具有足够的承载力
   C. 使受压构件有足够的稳定性
   D. 保证施工中的安全
2. 墙体的高厚比验算与（　　）有关。
   A. 房屋静力计算方案　　　　　　　B. 洞口大小
   C. 砌体的种类　　　　　　　　　　D. 承载力大小
3. 受压砌体墙的计算高度 H_0 与（　　）有关。
   A. 房屋静力计算方案　　　　　　　B. 横墙间距
   C. 构件支承条件　　　　　　　　　D. 荷载大小
4. 带壁柱墙体的高厚比验算，有关其T形截面的翼缘宽度的取值，下列说法符合规范规定的是（　　）。
   A. 对于多层房屋，当有门窗洞口时，可取窗间墙宽度
   B. 对于多层房屋，当无门窗洞口时，每侧可取壁柱高度的1/2
   C. 对于单层房屋，取壁柱宽度加1/2壁柱高度，且应不大于窗间墙宽度和相邻壁柱间距
   D. 对于单层房屋，取壁柱宽度加2/3壁柱高度，且应不大于窗间墙宽度和相邻壁柱间距
5. 影响允许高厚比的主要因素有（　　）。
   A. 砂浆强度　　　　　　　　　　　B. 构件类型
   C. 砌体种类　　　　　　　　　　　D. 支承约束条件、截面形式

四、判断题

1. 进行墙、柱高厚比验算的目的是满足墙、柱的承载力的要求。（　　）
2. 自承重墙的允许高厚比大于承重墙。（　　）
3. 砂浆强度相同时，柱的允许高厚比比墙高。（　　）
4. 其他条件相同时，砂浆强度等级越高，允许高厚值越大。（　　）

五、简单题

1. 什么是承重墙？什么是自（非）承重墙？

2. 验算墙柱高厚比的目的是什么？

3. 影响墙柱允许高厚比的因素有哪些？

六、计算题

1. 某办公楼会议室外纵墙，每 5m 设一 2.7m 宽的窗子，横墙间距 15m，纵横墙厚均为 240mm，用 M5 砂浆砌筑，墙高 3.6m（外墙算至室外地面）。试验算纵墙高厚比。（提示：$[\beta]=24$，刚性方案）

2. 某单层多跨无吊车厂房，柱间距 6m，每开间有 3m 宽的窗洞，横墙间距为 36m，采用钢筋混凝土大型屋面板作为屋盖，壁柱墙（承重墙）高度 $H=6$m，壁柱为 370mm×490mm，墙厚 240mm，采用 M7.5 混合砂浆砌筑，试验算带壁柱墙的高厚比。

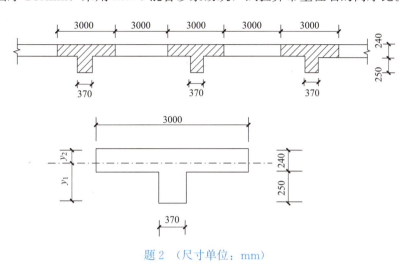

题 2 （尺寸单位：mm）

6.5 砌体房屋的构造措施

一、填空题

1. 引起墙体裂缝的原因包括_____、_____和_____。
2. 变形缝包括_____、_____和_____。

二、单选题

1. 承重的独立砖柱截面尺寸不应小于（　　）。
   A. 180mm×180mm　　　　　　　B. 240mm×240mm
   C. 240mm×370mm　　　　　　　D. 370mm×370mm
2. 对于砖砌体，当梁跨度大于（　　）时，应在支承处砌体上设置混凝土或钢筋混凝土垫块。
   A. 3.9m　　　　　　　　　　　B. 4.2m
   C. 4.8m　　　　　　　　　　　D. 6.0m
3. 对于砌块或料石砌体，当梁跨度大于（　　）时，应在支承处砌体上设置混凝土或钢筋混凝土垫块。

  A. 4.2m   B. 4.8m

  C. 5.0m   D. 6.0m

4. 对于240mm厚的砖墙，当梁跨度大于或等于（ ）时，其支承处宜加设壁柱。

  A. 3.9m   B. 4.2m

  C. 4.8m   D. 6.0m

5. 对于砌块、料石墙，当梁跨度大于或等于（ ）时，支承处宜加设壁柱或采取其他措施。

  A. 4.2m   B. 4.8m

  C. 5.6m   D. 6m

6. 预制钢筋混凝土板在墙上的支承长度不宜小于（ ）。

  A. 80mm   B. 100mm

  C. 120mm   D. 180mm

7. 预制钢筋混凝土板在钢筋混凝土圈梁上的支承长度不宜小于（ ）。

  A. 80mm   B. 120mm

  C. 180mm   D. 200mm

8. 对于支承在砖墙上的屋架，当跨度大于或等于（ ）时，其端部应采用锚固件与砖墙上垫块锚固。

  A. 6m   B. 7m

  C. 8m   D. 9m

9. 对于支承在砌块和料石砌体墙上的预制梁，当跨度大于或等于（ ）时，其端部应采用锚固件与墙上垫块锚固。

  A. 5.6m   B. 6m

  C. 7.2m   D. 9m

10. 按照《砌体规范》规定，应在墙体转角处和纵横墙交接处布置数量为每120mm墙厚不少于1根$\phi 6$的拉结钢筋，且拉结钢筋竖向间距为（ ）。

  A. 300~400mm   B. 300~500mm

  C. 400~500mm   D. 500~600mm

11. 若在墙体转角处和纵横墙交接处采用焊接钢筋网片，其埋入长度从墙体转角或交接处算起，对于实心砖墙和多孔砖墙每边分别不应少于（ ）。

  A. 500mm，600mm   B. 500mm，700mm

  C. 600mm，700mm   D. 700mm，800mm

12. 砌块砌体砌筑时应分皮错缝搭接，上下皮搭砌长度不得小于（ ）。

  A. 60mm   B. 80mm

  C. 90mm   D. 100mm

13. 对于混凝土砌块房屋，宜将纵横墙交接处、距墙中心线每边不小于（ ）范围内的孔洞，采用不低于Cb20的混凝土灌实，灌实高度为墙体全高。

  A. 100mm   B. 200mm

  C. 300mm   D. 500mm

14. 对于混凝土砌块墙体,当其屋架的支承面下未设置混凝土垫块时,则在其支承面下高度、长度均不小于( )范围内,采用不低于 Cb20 的混凝土将孔洞灌实。
    A. 300mm   B. 400mm
    C. 500mm   D. 600mm

15. 对于现浇钢筋混凝土屋盖的砌体房屋,当有保温隔热层时,其伸缩缝的最大间距为( )。
    A. 40m   B. 50m
    C. 60m   D. 75m

16. 对屋面保温隔热层或刚性面层及砂浆找平层应设置分隔缝,其间距不宜大于( )。
    A. 3m   B. 4m
    C. 6m   D. 6m

17. 为防止或减轻房屋顶层墙体的裂缝,在顶层门窗洞口处,过梁上的水平灰缝内应设置 2~3 道钢筋网或 2φ6 钢筋,应伸入过梁两边墙体不小于( )。
    A. 400mm   B. 450mm
    C. 500mm   D. 600mm

18. 为防止或减轻房屋顶层墙体的裂缝,女儿墙应设置构造柱间距不宜大于( )。
    A. 2m   B. 3m
    C. 4m   D. 6m

19. 顶层及女儿墙砂浆强度等级不应低于( )。
    A. M2.5   B. M5
    C. M7.5   D. M10

20. 为了防止地基不均匀沉降引起的墙体裂缝,可采用钢筋混凝土窗台板,窗台板嵌入窗间墙内不小于( )。
    A. 500mm   B. 600mm
    C. 700mm   D. 800mm

21. 有关伸缩缝和沉降缝的基础构造,下列说法正确的是( )。
    A. 伸缩缝的和沉降缝的基础均必须断开
    B. 伸缩缝的和沉降缝的基础均不必断开
    C. 伸缩缝的基础可不断开,沉降缝的基础必须断开
    D. 伸缩缝的基础必须断开,沉降缝的基础可不断开

三、多选题

1. 按照《砌体规范》规定,有关预制钢筋混凝土板的支承长度与连接要求,下列说法符合规范规定的是( )。
    A. 圈梁上的支承长度不宜小于 100mm,墙上的支承长度不宜小于 120mm
    B. 支承在内墙时,板端钢筋伸出长度不小于 70mm,并用≥C25 的混凝土浇筑成板带
    C. 支承在外墙时,板端钢筋伸出长度不小于 80mm,并用≥C25 的混凝土浇筑成板带
    D. 预制板与现浇板对接时,预制板钢筋应伸入现浇板连接后,再浇筑现浇板

2. 按照《砌体规范》规定，有关砌块砌体房屋的构造，下列说法符合规范规定的是（　　）。

A. 当砌块搭砌长度不够时，水平灰缝内应设置不少于 2φ3 的焊接钢筋网片

B. 配置在水平灰缝内的焊接钢筋网片，每段均应超过该垂直裂缝长度不得小于 300mm

C. 墙体与后砌隔墙交接处，应沿墙高每 400mm 布置钢筋网片，且横筋间距不大于 200mm

D. 钢筋混凝土楼板支承面下未设置圈梁，其下高度不小于 200mm 范围内的墙体应用不低于 Cb20 的混凝土将孔洞灌实

3. 引起墙体开裂的主要原因包括（　　）。

A. 温度变化　　　　　　　　B. 砌体干缩变形
C. 外荷载　　　　　　　　　D. 地基不均匀沉降

4. 为了防止地基不均匀沉降引起的墙体裂缝，下列采取的措施正确的是（　　）。

A. 在房屋高度相差较大处设置沉降缝

B. 合理布置承重墙，加大基础梁刚度，增设地圈梁

C. 先施工楼层少的单元，后施工楼层多的单元

D. 在土质变化复杂地区，采用对地基沉降不敏感的结构形式及基础形式

四、判断题

1. 设计砌体结构房屋，在按照规范要求设置伸缩缝后，就不会再产生温度变形和砌体干缩变形引起的墙体局部裂缝。（　　）

2. 毛石墙的厚度不宜小于 350mm。（　　）

3. 对于厚度为 240mm 的砖墙，当大梁跨度≥6m 时，其支承处应设壁柱或其他加强措施。（　　）

五、简答题

1. 引起墙体开裂的主要因素什么？

2. 为了防止或减少顶层墙体的裂缝，可采取哪些措施？

3. 为了防止由于不均匀沉降引起的墙体的裂缝，可采取哪些措施？

6.6 过梁、墙梁、挑梁、雨篷

一、填空题

1. 过梁分为_____和_____两大类。
2. 砖砌过梁有_____、_____和_____。
3. 过梁上的荷载包括_____和_____。
4. 墙梁破坏形态有_____、_____和_____。
5. 挑梁可能发生_____、_____和_____破坏。
6. 现浇板式钢筋混凝土雨篷由_____和_____组成。

二、单选题

1. 砖砌平拱过梁的跨度不应超过（　　）。
   A. 1.0m　　　　　　　　　　B. 1.2m
   C. 1.5m　　　　　　　　　　D. 1.8m
2. 砖砌弧拱过梁的跨度可达到（　　）。
   A. 2～2.5m　　　　　　　　B. 2～3m
   C. 2.5～3m　　　　　　　　D. 3～4m
3. 钢筋砖过梁的跨度不应超过（　　）。
   A. 1.2m　　　　　　　　　　B. 1.5m
   C. 1.8m　　　　　　　　　　D. 2.0m
4. 对于砖砌体，当过梁上墙体高度 h_w 和洞口净跨 l_n 的比值满足 $\frac{h_w}{l_n} \geqslant \frac{1}{3}$ 时，应按高度为（　　）的墙体均布自重计算过梁的墙体荷载。
   A. $l_n/4$　　　　　　　　　B. $l_n/3$
   C. $l_n/2$　　　　　　　　　D. $2l_n/3$
5. 对于砖砌体，当过梁上墙体高度 h_w 和洞口净跨 l_n 的比值满足（　　）时，过梁上可不计入梁、板传过来的荷载。
   A. $\frac{h_w}{l_n} \geqslant \frac{1}{3}$　　　　　　　B. $\frac{h_w}{l_n} \geqslant \frac{1}{3}$
   C. $\frac{h_w}{l_n} \geqslant \frac{1}{2}$　　　　　　　D. $\frac{h_w}{l_n} \geqslant 1$

6. 关于钢筋砖过梁底面砂浆层处的钢筋构造，下列说法符合规范规定的是（　　）。
   A. 钢筋直径不应小于5mm，间距不大于200mm，伸入支座的长度不宜小于300mm
   B. 钢筋直径不应小于5mm，间距不大于150mm，伸入支座的长度不宜小于250mm
   C. 钢筋直径不应小于5mm，间距不大于120mm，伸入支座的长度不宜小于240mm
   D. 钢筋直径不应小于5mm，间距不大于100mm，伸入支座的长度不宜小于200mm

7. 墙梁的弯曲破坏时，下列表述正确的是（　　）。
   A. 破坏一般发生在1/3跨截面处
   B. 托梁可能处于大偏心受拉状态
   C. 托梁可能处于小偏心受压状态
   D. 托梁钢筋配置较多，上下部钢筋一般不屈服

8. 墙梁中的托梁，其混凝土强度等级不应低于（　　）。
   A. C25　　　　　　　　　　B. C30
   C. C35　　　　　　　　　　D. C40

9. 承重墙梁的块材强度等级不应低于MU10，计算高度范围内墙体砂浆强度等级不应低于（　　）。
   A. M5　　　　　　　　　　B. M7.5
   C. M10　　　　　　　　　 D. M15

10. 墙梁计算高度范围内的墙体厚度，对砌体砖墙不应小于（　　）。
    A. 120mm　　　　　　　　B. 180mm
    C. 240mm　　　　　　　　D. 370mm

11. 承重墙梁的支座处应设置落地翼墙，其宽度不应小于墙梁墙体厚度的（　　）倍。
    A. 2　　　　　　　　　　 B. 3
    C. 4　　　　　　　　　　 D. 5

12. 托梁两边各两个开间的楼盖应采用现浇钢筋混凝土楼盖，且楼板厚度不宜小于（　　）。
    A. 100mm　　　　　　　　B. 120mm
    C. 150mm　　　　　　　　D. 200mm

13. 承重墙梁的托梁在砌体墙、柱上的支承长度不应小于（　　）。
    A. 180mm　　　　　　　　B. 240mm
    C. 300mm　　　　　　　　D. 350mm

14. 在墙梁偏开洞口宽度加两侧各一倍托梁高度范围内到靠近洞边支座处，托梁的箍筋配置应满足（　　）。
    A. 直径不宜小于10mm，间距不应大于200mm
    B. 直径不宜小于10mm，间距不应大于100mm
    C. 直径不宜小于8mm，间距不应大于200mm
    D. 直径不宜小于8mm，间距不应大于100mm

15. 为保证挑梁的稳定性，避免倾覆破坏，对于挑梁埋入砌体（或支承于砌体上）的长度 l_1 与挑出长度 l 之比，下列表述正确的是（　　）。
    A. 挑梁上有砌体时：$l_1/l \geqslant 1.1$；挑梁上无砌体时：$l_1/l \geqslant 1.5$

B. 挑梁上有砌体时：$l_1/l \geqslant 1.1$；挑梁上无砌体时：$l_1/l \geqslant 2$
C. 挑梁上有砌体时：$l_1/l \geqslant 1.2$；挑梁上无砌体时：$l_1/l \geqslant 1.5$
D. 挑梁上有砌体时：$l_1/l \geqslant 1.2$；挑梁上无砌体时：$l_1/l \geqslant 2$

16. 雨篷板的端部厚度不应小于（　　）。
A. 50mm　　　　　　　　　　B. 60mm
C. 70mm　　　　　　　　　　D. 80mm

三、多选题

1. 对于过梁和挑梁，下列说法中，正确的是（　　）。
A. 对于砖砌体，过梁上墙体高度 h_w 不大于洞口净跨 l_n 时，应计入梁、板传过来的荷载
B. 圈梁兼作过梁时，圈梁构造钢筋不可直接作为过梁部分的钢筋
C. 在进行挑梁受弯承载力计算时，可取其最大弯矩设计值等于其倾覆力矩设计值
D. 在进行挑梁抗倾覆验算时，要求抗倾覆荷载大于倾覆荷载

2. 有关过梁的构造要求，下列说法符合规范规定的是（　　）。
A. 砖砌过梁截面计算高度内砂浆强度等级不应低于 M5
B. 砖砌平拱过梁用竖砖砌筑部分高度不应小于 200mm
C. 钢筋砖过梁底面砂浆层厚度不应小于 25mm
D. 钢筋混凝土过梁梁端部支承长度不宜小于 240mm

3. 墙梁的破坏形态包括（　　）。
A. 弯曲破坏　　　　　　　　B. 剪切破坏
C. 扭曲破坏　　　　　　　　D. 局压破坏

4. 有关墙梁的构造要求，下列表述正确的是（　　）。
A. 纵筋宜采用 HRB（F）400、HRB（F）500 级钢筋
B. 墙梁洞口上方应设置钢筋混凝土过梁，且其支撑长度不应小于 200mm
C. 承重墙梁支座处布置的落地翼墙，对于砖砌体，其厚度不应小于 180mm
D. 墙梁计算高度范围内墙体，每天砌筑高度不应超过 1.5m，否则应加临时支撑

5. 有关托梁纵向钢筋的配置要求，下列说法正确的是（　　）。
A. 托梁跨中截面受力纵筋总配筋率不小于 0.6%
B. 托梁上部通长钢筋面积不宜小于跨中下部纵筋截面面积的 50%
C. 连续墙梁中间支座处，托梁上部附加纵筋沿支座边缘延伸长度不得小于 $l_0/4$
D. 托梁的水平腰筋，直径不小于 10mm，间距不大于 200mm

6. 挑梁的破坏形态包括（　　）。
A. 倾覆破坏　　　　　　　　B. 挑梁下砌体局压破坏
C. 挑梁自身弯曲或剪切破坏　　D. 挑梁自身扭曲破坏

7. 有关挑梁上部受力纵筋配置要求，下列说法正确的是（　　）。（其中 l_1 为挑梁埋入砌体的长度）
A. 上部受力纵筋至少应有 1/3 钢筋面积伸入梁尾端，且不少于 2φ10
B. 上部受力纵筋至少应有 1/2 钢筋面积伸入梁尾端，且不少于 2φ12

C. 上部受力纵筋中其余未伸入梁尾端的钢筋，其伸入支座长度不应小于 $l_1/2$
D. 上部受力纵筋中其余未伸入梁尾端的钢筋，其伸入支座长度不应小于 $2l_1/3$

8. 雨篷的设计计算应包括（   ）等内容。
   A. 雨篷的抗倾覆验算   B. 抗滑移计算
   C. 雨篷梁承载力计算   D. 雨篷板承载力计算

9. 有关雨篷板的配筋构造，下列表述正确的是（   ）。
   A. 雨篷板的受力钢筋不得小于 $\phi 6@200$
   B. 雨篷板的分布钢筋不得小于 $\phi 6@200$
   C. 雨篷板的上部纵筋伸入梁的锚固长度应按拉筋锚固
   D. 雨篷板的上部纵筋伸入梁的锚固长度不得小于 12 倍钢筋直径

四、判断题

1. 圈梁兼作过梁时，过梁部分的钢筋应按计算面积另行计算。（   ）
2. 挑梁本身强度足够时，其有两种破坏形态：倾覆破坏和局部受压破坏。（   ）
3. 钢筋混凝土过梁的跨度不宜超过 2m。（   ）
4. 砖砌过梁的跨度不宜超过 2m。（   ）
5. 对砖砌体，当过梁上的墙体高度 $h_w > l_n/3$ 时（l_n 为过梁的净跨），过梁上的墙体荷载应按墙体高度 h_w 计算。（   ）

五、简答题

1. 什么叫作墙梁？墙梁可能发生哪些破坏形式？

6.7 砌体房屋的抗震措施

一、填空题

1. 圈梁高度不应小于_____mm，纵向钢筋不应少于_____。

二、单选题

1. 多层砌体房屋，其主要抗震措施是（   ）。
   A. 限制房屋的高宽比   B. 限制高度和层数
   C. 限制墙段的最小尺寸   D. 设置构造柱和圈梁

2. 在某 7 度（0.15g）抗震设防区修建 7 层、总高度 21m 的砌体房屋，可采用（   ）。
   A. 普通砖砌体，最小墙厚 240mm   B. 多孔砖砌体，最小墙厚 240mm
   C. 多孔砖砌体，最小墙厚 190mm   D. 小砌块砌体，最小墙厚 190mm
3. 位于 8 度（0.3g）抗震设防区的烧结普通砖砌体房屋，其房屋总高度和层数限值分别是（   ）。
   A. 15m，5 层   B. 18m，6 层
   C. 21m，7 层   D. 24m，8 层
4. 某地区抗震设防烈度为 8 度（0.2g），现拟在该地区建一多层砌体结构的二甲医院，当墙采用 240mm 厚的普通烧结砖时，下列层数和总高度限值正确的是（   ）。
   A. 7 层，21m   B. 6 层，18m
   C. 5 层，15m   D. 4 层，12m
5. 多层砌体房屋为带阁楼的坡屋面时，其总高度应从室外地面算到（   ）。
   A. 主要屋面板板顶的高度   B. 屋面檐口的高度
   C. 屋面山尖墙的 1/2 高度处   D. 坡屋面山尖处
6. 在地震区，下列各类砌体结构中（   ）可以建造的高度相对最高。
   A. 烧结普通砖砌体房屋   B. 蒸压粉煤灰砖砌体房屋
   C. 混凝土小型空心砌块砌体房屋   D. 烧结多孔黏土砖砌体房屋
7. 在抗震设防 8 度时，建造一幢 6 层中学教学楼，下列（   ）体系较为合理。
   A. 钢筋混凝土框架结构   B. 钢筋混凝土框架-剪力墙结构
   C. 普通砖砌体结构   D. 小砌块砌体结构
8. 《抗震标准》规定，多层砌体房屋的层高，不应超过（   ）。
   A. 3.3m   B. 3.6m
   C. 3.9m   D. 4.2m
9. 抗震设计时，多层砌体结构房屋中，横墙较少是指（   ）。
   A. 同一楼层内开间大于 3.9m 的房间占该层总面积的 40% 以上
   B. 同一楼层内开间大于 4.2m 的房间占该层总面积的 40% 以上
   C. 同一楼层内开间大于 4.5m 的房间占该层总面积的 30% 以上
   D. 同一楼层内开间大于 4.8m 的房间占该层总面积的 30% 以上
10. 《抗震标准》规定，各层横墙很少的多层砌体房屋，尚应比横墙较少的多层砌体房屋再适当降低总高度和减少层数。横墙很少的定义是（   ）。
   A. 各层内开间不大于 4.2m 的房间占该层总面积不到 20% 且开间大于 4.8m 的房间占该层总面积 40% 以上
   B. 各层内开间不大于 4.2m 的房间占该层总面积不到 20% 且开间大于 4.8m 的房间占该层总面积 50% 以上
   C. 各层横墙间距均在 11~14m 之间
   D. 各层横墙间距均在 12~15m 之间
11. 限制房屋高宽比的目的是（   ）。
   A. 避免房屋产生受压破坏   B. 避免房屋产生剪切破坏
   C. 避免房屋产生弯曲破坏   D. 防止房屋产生不均匀沉降

12. 多层砌体房屋总高度与总宽度的最大比值，与《抗震标准》不符的是（   ）。
   A. 地震烈度为 6 度时，最大高宽比为 2.5
   B. 地震烈度为 7 度时，最大高宽比为 2.4
   C. 地震烈度为 8 度时，最大高宽比为 2.0
   D. 地震烈度为 9 度时，最大高宽比为 1.5

13. 抗震设计时，限制多层砌体房屋抗震横墙的间距是为了（   ）。
   A. 满足楼板传递水平地震作用时的刚度要求
   B. 满足抗震横墙的承载力要求
   C. 保证纵墙平面外的稳定
   D. 保证房屋的整体稳定

14. 《抗震标准》对多层砌体房屋抗震横墙的最大间距作出了规定：对普通烧结黏土砖房，7 度设防时，按不同楼（屋）盖类别分别规定抗震横墙的最大间距为 15m、11m 和 9m。其中 11m 适用于（   ）。
   A. 现浇钢筋混凝土楼（屋）盖房屋
   B. 装配整体式钢筋混凝土楼（屋）盖房屋
   C. 装配式钢筋混凝土楼（屋）盖房屋
   D. 木屋盖房屋

15. 抗震设防烈度为 8 度时，现浇钢筋混凝土楼（屋）盖的多层砌体房屋，抗震横墙的最大间距是（   ）。
   A. 9m
   B. 11m
   C. 15m
   D. 18m

16. 下列关于多层砌体房屋的墙体尽端至门洞边的最小距离的描述，符合《抗震标准》规定的是（   ）。
   A. 设防烈度为 6 度的地区为 0.8m
   B. 设防烈度为 7 度的地区为 1.0m
   C. 设防烈度为 8 度的地区为 1.1m
   D. 设防烈度为 9 度的地区为 1.4m

17. 多层砌体房屋的承重窗间墙的最小宽度符合《抗震标准》规定的是（   ）。
   A. 设防烈度为 6 度的地区为 0.8m
   B. 设防烈度为 7 度的地区为 1.2m
   C. 设防烈度为 8 度的地区为 1.3m
   D. 设防烈度为 9 度的地区为 1.5m

18. 有抗震要求的多层砌体房屋结构，其楼板局部大洞口尺寸不宜超过楼板宽度的（   ）。
   A. 15%
   B. 20%
   C. 30%
   D. 35%

19. 多层砌体房屋结构抗震设计时，其平面轮廓凹凸尺寸不应超过典型尺寸的（   ）。
   A. 20%
   B. 30%
   C. 40%
   D. 50%

20. 砌体结构房屋高差在（   ）以上时宜设置防震缝。
   A. 4m
   B. 4.5m
   C. 5m
   D. 6m

21. 地震区砌体结构房屋之间的防震缝应（   ）。

A. 按钢筋混凝土框架结构计算值的 60% 确定
B. 按钢筋混凝土框架结构计算值的 70% 确定
C. 按钢筋混凝土剪力墙结构计算值的 80% 确定
D. 根据烈度和房屋高度确定，取 70~100mm

22. 对于底部框架-抗震墙砌体结构，当处于 6 度区且层数不超过（　　）层时，可采用嵌筑于框架之间的普通砖墙作为抗震墙。
    A. 2
    B. 3
    C. 4
    D. 5

23. 某处于 7 度区的底部框架-抗震墙砌体结构房屋，其底部荷载框架及混凝土抗震墙的抗震等级应分别按（　　）考虑。
    A. 一级，二级
    B. 二级，一级
    C. 二级，二级
    D. 三级，三级

24. 在地震区的多层砌体房屋中设置构造柱，并与圈梁连接共同工作，最主要的作用是（　　）
    A. 提高墙体的竖向抗压承载力
    B. 提高房屋的水平受剪承载力
    C. 提高房屋整体抗弯承载力
    D. 增加房屋延性，防止房屋突然倒塌

25. 多层普通砖房屋的构造柱柱底构造应满足的要求是（　　）。
    A. 伸入室外地面下 600mm 即可
    B. 伸入室外地面下 500mm，或锚入浅于 500mm 的基础圈梁内
    C. 锚入深于室外地面 150mm 以下的基础板内
    D. 应单独设置基础

26. 地震区构造柱与圈梁连接处，纵筋的布置方式为（　　）。
    A. 圈梁纵筋贯通构造柱
    B. 构造柱纵筋贯通圈梁
    C. 构造柱与圈梁纵筋均在交接处锚固
    D. 以上三种做法都可以

27. 关于多层普通砖砌体房屋构造柱的最小截面尺寸、纵向钢筋和箍筋间距的规定，下列表述正确的是（　　）。
    A. 180mm×180mm，不宜小于 4φ12，不宜大于 200mm
    B. 180mm×240mm，不宜小于 4φ12，不宜大于 250mm
    C. 240mm×240mm，不宜小于 4φ14，不宜大于 200mm
    D. 240mm×240mm，不宜小于 4φ14，不宜大于 250mm

28. 抗震设防烈度为 7 度时超过 6 层的房屋、8 度时超过 5 层的房屋和 9 度时的房屋，其构造柱纵向钢筋及箍筋间距宜采用（　　）。
    A. 4φ12，200mm
    B. 4φ12，250mm
    C. 4φ14，200mm
    D. 4φ14，250mm

29. 有抗震要求的砖砌体房屋，对构造有利的施工为（　　）。

A. 应先浇混凝土柱后砌墙

B. 应先砌墙后浇混凝土柱

C. 如混凝土柱留出马牙槎，则可先浇柱后砌墙

D. 如混凝土柱留出马牙槎并预留拉结钢筋，则可先浇柱后砌墙

30. 位于设防烈度为8度区的5层砖砌体房屋，其构造柱箍筋间距不宜大于（　　）。

A. 150mm B. 200mm

C. 250mm D. 300mm

31. 关于砌体结构中圈梁的作用，下列叙述错误的是（　　）。

A. 加强结构整体性和空间刚度 B. 提高墙体的抗剪强度

C. 减轻地基不均匀沉降的影响 D. 增加房屋的高度

32. 某位于设防烈度为8度区的多层砖砌体房屋，采用装配式钢筋混凝土楼盖，其各层沿横向布置的圈梁间距不应大于（　　）。

A. 3m B. 3.5m

C. 4m D. 4.5m

33. 当多层砌体房屋的地基土为液化土，且基础圈梁作为减少地基不均匀沉降影响的措施时，基础圈梁的高度及配筋分别不应小于（　　）。

A. 150mm，4φ8 B. 150mm，4φ10

C. 180mm，4φ10 D. 180mm，4φ12

34. 钢筋混凝土圈梁纵向钢筋不宜少于（　　）。

A. 4φ8 B. 4φ10

C. 4φ12 D. 4φ14

35. 当圈梁被门窗洞口截断时，应在洞口上部增设与截面相同的附加圈梁，附加圈梁与圈梁的搭接长度不应小于垂直向距离 H 的2倍，且不能小于（　　）。

A. 500mm B. 1000mm

C. 1500mm D. 1800mm

36. 位于设防烈度为7度区的某多层砖砌体房屋，其大于7.2m的大房间的外墙转角及内外墙交接处，应沿墙高每隔（　　）配置2φ6的通长钢筋。

A. 300mm B. 400mm

C. 500mm D. 600mm

37. 位于设防烈度为8度区的多层砖砌体房屋，其长度大于（　　）的后砌隔墙，墙顶应与楼板或梁拉结牢固。

A. 3m B. 4m

C. 4.5m D. 5m

38. 在地震区，多层普通砖砌体房屋的现浇钢筋混凝土楼板或屋面板在墙内的最小支撑长度，正确的是（　　）。

A. 60mm B. 80mm

C. 100mm D. 120mm

39. 在地震区，多层多孔砖房屋，当圈梁未设在板的同一标高时，装配式钢筋混凝土楼板伸入内墙上的最小支承长度不应小于（　　）。

A. 80mm	B. 90mm
C. 100mm	D. 120mm

40. 根据《抗震标准》，当板的跨度大于（　　）且与外墙平行时，靠外墙的预制板侧边应与墙或圈梁拉结。

A. 3m	B. 4m
C. 4.5m	D. 4.8m

41. 位于设防烈度为 8 度区的某多层砖砌体房屋，除顶层外，其他各层楼梯间墙体应在休息平台或楼层半高处设置（　　）厚的钢筋混凝土带或配筋砖带。

A. 50mm	B. 60mm
C. 70mm	D. 80mm

42. 根据《抗震标准》，对于多层普通砖砌体房屋，其楼梯间及门厅内墙阳角处的大梁支撑长度不应小于（　　）。

A. 300mm	B. 400mm
C. 500mm	D. 600mm

43. 根据《抗震标准》，对于多层小砌块房屋，其钢筋混凝土芯柱的截面尺寸不应小于（　　）。

A. 100mm×100mm	B. 120mm×120mm
C. 150mm×150mm	D. 180mm×180mm

44. 对于多层小砌块房屋，其为提高墙体受剪承载力而设置的钢筋混凝土芯柱，宜在墙体内均匀布置，最大净距不宜大于（　　）。

A. 2m	B. 3m
C. 4m	D. 5m

45. 根据《抗震标准》，对于某位于 8 度区的底部框架-抗震墙房屋，其过渡层构造柱纵向钢筋不宜少于（　　）。

A. 4ϕ12	B. 4ϕ14
C. 4ϕ16	D. 4ϕ18

46. 根据《抗震标准》，底部框架-抗震墙房屋的过渡层底板应采用现浇钢筋混凝土楼板，板厚不应小于（　　）。

A. 100mm	B. 120mm
C. 150mm	D. 180mm

47. 根据《抗震标准》，底部框架-抗震墙房屋的钢筋混凝土抗震墙的竖向和横向分布钢筋的配筋率不应小于（　　）。

A. 0.2%	B. 0.25%
C. 0.3%	D. 0.4%

48. 对于横墙较少的多层砖砌体房屋，当按规定采用加强措施并满足抗震承载力要求时，下列（　　）仍可采用《抗震标准》规定的层数和总高度限值。

A. 6 度区的教学楼	B. 7 度区的医院
C. 7 度区的住宅楼	D. 8 度区的办公楼

三、多选题

1. 在强烈地震作用下，有关多层砌体结构房屋震害，下列说法正确的是（   ）。
   A. 墙体破坏的原因是因墙体竖向抗压能力不足
   B. 墙体高宽比接近1时，通常斜裂缝呈X形；对于矮墙，在墙体中部易出现水平裂缝
   C. 墙体高宽比接近1时，在墙体中部易出现水平裂缝；对于矮墙，通常斜裂缝呈X形
   D. 因地震"鞭梢效应"的影响，突出屋面的附属结构更易发生破坏

2. 《抗震标准》对砌体房屋作了（   ）。
   A. 房屋高度和层数的限制   B. 房屋最大高宽比的限制
   C. 抗震横墙间距的限制   D. 房屋局部尺寸的限制

3. 有抗震要求的砌体结构房屋，其总高度限值与下列（   ）有关。
   A. 砌体类型   B. 砌体强度
   C. 结构类型   D. 横墙的多少

4. 关于砌体房屋的总高度和层数，下列叙述正确的是（   ）。
   A. 当无地下室时，砌体房屋的总高度是指室外地面到檐口的高度
   B. 当按《抗震标准》的要求设置构造柱时，砌体房屋的总高度和层数可较规定的限值有所提高
   C. 各层横墙较小的砌体房屋应比规定的总高度降低3m，层数相应减少一层
   D. 砌体房屋的层高不宜超过3.9m

5. 抗震设计时，对于墙厚为240mm的烧结普通砖多层住宅房屋，有关其层数限值下列说法正确的是（   ）。
   A. 6度时为8层   B. 7度时为7层
   C. 8度时为6层   D. 9度时为4层

6. 为了减轻震害，《抗震标准》对砖混结构房屋的局部尺寸进行了限制，包括（   ）。
   A. 承重窗间墙的最小宽度
   B. 墙体尽端至门洞边的最小距离
   C. 无锚固女儿墙（非出入口）的最大高度
   D. 楼板厚度

7. 多层砌体房屋的结构体系，应符合下列要求中的（   ）。
   A. 应优先采用横墙承重或与纵墙共同承重的结构体系
   B. 纵横墙的布置均匀对称，沿平面内宜对齐，沿竖向应上下连续
   C. 同一轴线上的窗洞可相错
   D. 楼梯间不宜设置在房屋的尽端和转角处

8. 有关多层砌体房屋防震缝的设置，下列叙述正确的是（   ）。
   A. 防震缝两侧均应设置墙体
   B. 6、7度时，房屋高差在5m以上，宜设置防震缝
   C. 防震缝宽可采用60～100mm
   D. 房屋有错层，且楼板高差大于层高的1/4时，宜设置防震缝

9. 有关底部框架-抗震墙砌体结构房屋的层间侧向刚度比值，下列说法符合《抗震标准》

规定的是（　　）。（注：k_1、k_2、k_3 分别为底层、2层、3层纵向或横向的侧向刚度）

A. 底部一层框架，6、7度时应满足：$1 \leqslant k_2/k_1 \leqslant 2.5$

B. 底部一层框架，8度时应满足：$1 \leqslant k_2/k_1 \leqslant 2.0$

C. 底部两层框架，6、7度时应满足：$1 \leqslant k_3/k_2 \leqslant 2.0$

D. 底部两层框架，8度时应满足：$1 \leqslant k_3/k_2 \leqslant 1.5$

10. 下列有关砖砌体结构构造柱作用的说法中，正确的是（　　）。

A. 构造柱不必使用过大的截面或配置过多的钢筋提高本身的抗剪能力

B. 构造柱在墙体破裂之后才能充分发挥作用

C. 构造柱可提高墙体的抗剪能力

D. 构造柱可以有效地防止墙体开裂

11. 关于构造柱的设置，下列叙述中正确的是（　　）。

A. 大房间内外墙交接处应设构造柱

B. 较大洞口两侧，大房间内外墙交接处应设构造柱

C. 外墙四角，错层部横墙与外纵墙交接处应设构造柱

D. 楼梯间四角应设构造柱

12. 砌体房屋中钢筋混凝土构造柱应满足以下（　　）要求。

A. 钢筋混凝土构造柱不应小于 240mm×240mm

B. 钢筋混凝土构造柱应与圈梁连接

C. 钢筋混凝土构造柱必须单独设置基础

D. 钢筋混凝土构造柱应先砌墙后浇柱

13. 关于砌体结构中构造柱的作用，下列说法正确的是（　　）。

A. 施工及使用阶段的高厚比验算，均可考虑构造柱的有利影响

B. 墙中设置钢筋混凝土构造柱可提高墙体在使用阶段的稳定性和刚度

C. 构造柱间距过大，对提高墙体刚度作用不大

D. 构造柱间距过大，对提高墙体的稳定性作用不大

14. 关于砌体结构中圈梁的作用，下列说法正确的是（　　）。

A. 配置圈梁可增强房屋的整体性

B. 配置圈梁可阻止墙体斜裂缝的扩展和延伸

C. 配置圈梁可减轻地震时地基不均匀沉降对房屋的影响

D. 配置圈梁可提高楼盖水平刚度

15. 关于砌体结构中圈梁对抵抗不均匀沉降的效果，下列说法正确的是（　　）。

A. 当房屋两端沉降较大时，基础顶面配置圈梁效果较好

B. 当房屋两端沉降较大时，檐口配置圈梁效果较好

C. 当房屋中部沉降较大时，基础顶面配置圈梁效果较好

D. 当房屋中部沉降较大时，檐口配置圈梁效果较好

16. 对多层烧结普通砖房中门窗过梁的要求，下列说法正确的是（　　）。

A. 钢筋砖过梁的跨度不应超过 1.5m

B. 砖砌平拱过梁的跨度不应超过 1.2m

C. 抗震烈度为 8 度的地区，可采用无筋砖过梁

D. 抗震烈度为 8 度的地区，过梁的支承长度不应小于 360mm

17. 横墙较少的丙类多层普通砖住宅楼，要使其能达到规范规定的一般多层普通砖房屋的极限高度和层数，下列采取的措施恰当的是（   ）。

A. 同一结构单元内横墙错位数量不宜超过横墙总数的 1/3，且连续错位不宜多于 3 道

B. 房屋的最大开间尺寸不大于 6.6m

C. 在错位横墙时，楼、屋面采取装配式或现浇混凝土板

D. 横墙和内纵墙上的洞口宽度不宜大于 1.5m

18. 根据《抗震标准》，当位于 6 度区的底部框架-抗震墙房屋的底层采用普通砖抗震墙时，有关其抗震构造措施，下列说法恰当的是（   ）。

A. 墙厚不应小于 180mm，砌筑砂浆等级不应低于 M10

B. 墙长大于 4m 时和洞口两侧，应在墙内设置钢筋混凝土构造柱

C. 墙体半高处应设置钢筋混凝土水平系梁

D. 应先砌墙后浇柱

四、判断题

1. 钢筋混凝土圈梁中箍筋的直径应大于等于 4~6mm，间距应大于等于 300mm。（   ）

2. 钢筋砖圈梁的跨度不宜超过 2m。（   ）

3. 檐口圈梁对防止地基产生凹形沉降最有效。（   ）

4. 圈梁在洞口处，尚可兼作过梁。（   ）

5. 圈梁宜连续地设在同一水平面上并形成封闭状，当圈梁被洞口截断时，应在洞口上部增设相同截面的附加圈梁。（   ）

6. 在砌体结构中设置钢筋混凝土构造柱和圈梁后，砌体受到约束，抗震性能得到改善。（   ）

7. 砌体房屋的伸缩缝间距与砌体的强度等级有关。（   ）

五、简答题

1. 什么叫作"鞭梢效应"？

2. 结合工程实例说明，变形缝包括哪几种缝？它们的主要区别是什么？

3. 砌体结构房屋在什么情况下宜设置防震缝？

4. 砌体结构房屋有哪些震害？

5. 什么是圈梁？圈梁的作用是什么？

教学单元6　砌体结构

教学单元7 钢结构

知识点小结

一、钢材的种类和牌号

1. 钢结构用钢材的种类和牌号
（1）碳素结构钢
碳素结构钢的牌号由字母 Q、屈服点数值、质量等级代号、脱氧方法代号四个部分组成。钢结构一般采用 Q235 钢，分 A、B、C、D 四个等级。
（2）低合金高强度结构钢
低合金高强度结构钢牌号由字母 Q、屈服点数值、质量等级代号三部分组成。质量等级有 A、B、C、D、E 五个等级。

2. 钢结构用钢材的选用
（1）结构的重要性
（2）荷载特征
（3）应力状态
（4）连接方法
（5）工作环境
（6）钢材的厚度

二、钢材的品种及规格

1. 热轧钢板
热轧钢板分厚板、薄板和扁钢。钢板用符号"—"后加"厚度×宽度×长度"（单位为 mm）表示。

2. 热轧型钢
热轧型钢有角钢、槽钢、工字钢、H 型钢、剖分 T 型钢、钢管等。
（1）角钢
角钢有等边和不等边两种。
等边角钢以符号"L"后加"边宽×厚度"（单位为 mm）表示；
不等边角钢则以符号"L"后加"长边宽×短边宽×厚度"（单位为 mm）表示。

(2) 槽钢

槽钢有热轧普通槽钢与热轧轻型槽钢两种。普通槽钢以符号"["后加截面高度（单位为 cm）表示，并以 a、b、c 区分同一截面高度中的不同腹板厚度。

(3) 工字钢

工字钢分普通工字钢和轻型工字钢。前者以符号"I"后加截面高度（单位为 cm）表示，同一截面高度有 3 种腹板厚度，以 a、b、c 区分（其中 a 类腹板最薄）。

(4) H 型钢和剖分 T 型钢

热轧 H 型钢分为宽翼缘 H 型钢、中翼缘 H 型钢和窄翼缘 H 型钢三类，此外还有 H 型钢柱，其代号分别为 HW、HM、HN、HP。H 型钢的规格以代号后加"高度×宽度×腹板厚度×翼缘厚度"（单位为 mm）表示。

剖分 T 型钢系由对应的 H 型钢沿腹板中部对等剖分而成。其代号与 H 型钢相对应，采用 TW、TM、TN 分别表示宽翼缘 T 型钢、中翼缘 T 型钢和窄翼缘 T 型钢，其规格和表示方法也与 H 型钢相同。

(5) 钢管

钢管分为无缝钢管和焊接钢管。以符号"ϕ"后加"外径×厚度"（单位为 mm）表示。

3. 冷弯薄壁型材

冷弯薄壁型材是由薄钢板经冷弯或模压而成型的，常规的截面形式为 C 形、Z 形等。

三、建筑钢材的力学性能

1. 钢材的力学性能

建筑钢材的力学性能包括强度、塑性、Z 向性能、冷弯性能、冲击韧性。

(1) 强度

把屈服点 f_y 作为计算构件的强度标准。

(2) 塑性

伸长率是衡量钢材塑性的重要指标。

(3) Z 向性能

钢板在厚度方向抗层状撕裂性能。对于厚度方向性能的钢板分 3 种厚度方向性能级别，即 Z15、Z25、Z35。

(4) 冷弯性能

冷弯性能合格是鉴定钢材在弯曲状态下的塑性应变能力和钢材质量的综合指标。冷弯性能由冷弯试验来确定。

(5) 冲击韧性

冲击韧性是钢材抵抗冲击荷载的能力。韧性是钢材强度和塑性的综合指标。

2. 建筑钢材的设计用强度指标

钢材的强度设计值等于钢材的屈服点除以钢材的抗力分项系数 γ_R。

四、钢结构的连接方法

钢结构的连接方法有焊缝连接（焊接）、螺栓连接和铆钉连接。

螺栓连接可分为普通螺栓连接和高强度螺栓连接两种。

五、焊缝连接

1. 焊接原理

（1）手工电弧焊

一般情况下，对 Q235 钢采用 E43 型焊条，对 Q345 钢采用 E50、E55 型焊条，对 Q390 和 Q420 钢采用 E50、E55 型焊条。当不同强度的两种钢材进行连接时，宜采用与低强度钢材相适应的焊条。

（2）自动或半自动埋弧焊

（3）气体保护焊

2. 焊缝构造

焊缝主要有对接焊缝和角焊缝两种形式。

（1）对接焊缝

根据焊缝的熔敷金属是否充满整个连接截面，可分为焊透和不焊透两种形式。

1）剖口形式

用对接焊缝连接时，需要将板件边开成各种形式的坡口（也称剖口），以使焊缝金属填充在坡口内。坡口形式有 I 形、单边 V 形、V 形、J 形、U 形、K 形和 X 形等。

2）引弧板

3）变截面钢板拼接

4）承受动力荷载的对接焊缝

承受动荷载需经疲劳验算的连接，当拉应力与焊缝轴线垂直时，严禁采用部分焊透对接焊缝。

（2）角焊缝

角焊缝按其与外力作用方向的不同可分为平行于外力作用方向的侧面角焊缝、垂直于外力作用方向的正面角焊缝（或称端焊缝）和与外力作用方向斜交的斜向角焊缝三种。

1）角焊缝的尺寸

角焊缝的尺寸包括焊脚尺寸和焊缝长度。

2）搭接角焊缝的尺寸及布置

3）断续角焊缝

4）承受动荷载的角焊缝

3. 焊缝的计算

（1）对接焊缝

1）轴心受力对接焊缝的计算

对接焊缝受垂直于焊缝长度方向的轴心力（拉力或压力）时，其焊缝强度按下式计算：

$$\sigma = \frac{N}{A_w} = \frac{N}{l_w h_e} \leqslant f_t^w \text{ 或 } f_c^w$$

2）弯矩、剪力共同作用时对接焊缝的计算

矩形截面应分别验算其最大正应力和剪应力。

$$\sigma_{\max}=\frac{M}{W_w}\leqslant f_t^w \text{ 或 } f_c^w$$

$$\tau_{\max}=\frac{VS_w}{I_w t_w}\leqslant f_v^w$$

对于工字形或 T 形焊缝截面，除按以上公式验算外，在同时承受较大正应力和较大剪应力处（梁腹板横向对接焊缝的端部），则还应按下式验算其折算应力：

$$\sqrt{\sigma_1^2+3\tau_1^2}\leqslant 1.1 f_t^w$$

（2）角焊缝

1）在通过焊缝形心的拉力、压力或剪力作用下

当力垂直于焊缝长度方向时：

$$\sigma_f=\frac{N}{h_e\sum l_w}\leqslant \beta_f f_f^w$$

当力平行于焊缝长度方向时：

$$\tau_f=\frac{N}{h_e\sum l_w}\leqslant f_f^w$$

2）在弯矩、剪力和轴心力共同作用下

在弯矩、剪力和轴心力共同作用下，焊缝的最危险点满足：

$$\sqrt{(\frac{\sigma_f^N+\sigma_f^M}{\beta_f})^2+\tau_f^2}\leqslant f_f^w$$

3）角钢连接角焊缝的计算

采用两面侧焊缝连接时，由平衡条件可得角钢肢背焊缝、肢尖焊缝承受的内力 N_1、N_2 分别为：

$$N_1=k_1 N$$
$$N_2=k_2 N$$

4. 焊接应力与焊接变形

在施焊过程中，焊件由于受到不均匀的电弧高温作用所产生的变形和应力，称为热变形和热应力。而冷却后，焊件中所存在的反向应力和变形，称为焊接应力和焊接变形。由于这种应力和变形是焊件经焊接并冷却至常温以后残留于焊件中的，故又称为焊接残余应力和残余变形。

焊接应力和焊接变形是焊接结构的主要缺点。焊接应力会使钢材抗冲击断裂能力及抗疲劳破坏能力降低，尤其是低温下受冲击荷载的结构，焊接应力的存在更容易引起低温工作应力状态下的脆断。焊接变形会使结构构件不能保持正确的设计尺寸及位置，影响结构正常工作，严重时还可使各个构件无法安装就位。

从设计和制造方面应减小或消除焊接应力的不利影响。

六、螺栓连接

1. 普通螺栓连接的构造

钢结构采用的普通螺栓形式为六角头型，其代号用字母 M 和公称直径的毫米数表示。受力螺栓一般采用 M16、M20、M24、M27、M30 等。B 级螺栓的孔径较螺栓公称直径大

0.2～0.5mm，C 级螺栓的孔径较螺栓公称直径大 1.0～1.5mm。

按国际标准，螺栓统一用螺栓的性能等级来表示，如"4.6 级""8.8 级""10.9 级"等。小数点前数字表示螺栓材料的最低抗拉强度，如"4"表示 400N/mm²。小数点及以后数字（0.6、0.8 等）表示螺栓材料的屈强比，即屈服点与最低抗拉强度的比值。

螺栓的排列有并列和错列两种基本形式。

2. 普通螺栓连接的计算

（1）受剪螺栓连接

1）受力性能

受剪螺栓连接达到极限承载力时，可能出现以下五种破坏形式：(a) 栓杆被剪断；(b) 孔壁挤压破坏；(c) 杆件沿净截面处被拉断；(d) 构件端部被剪坏；(e) 螺栓弯曲破坏。

为保证螺栓连接能安全承载，对于（a）、（b）类型的破坏，通过计算单个螺栓承载力来控制；对于（c）类型的破坏，则由验算构件净截面强度来控制；对于（d）、（e）类型的破坏，通过保证螺栓间距及边距不小于规定值来控制。

2）单个螺栓的承载力

螺栓受剪承载力设计值：

$$N_v^b = n_v \frac{\pi d^2}{4} f_v^b$$

螺栓承压承载力设计值

$$N_c^b = d \sum t f_c^b$$

单个螺栓受剪承载力：

$$N_{min}^b = \min(N_v^b、N_c^b)$$

3）受剪螺栓连接受轴心力作用时的计算

受剪螺栓连接受轴心力作用时，假定每个螺栓受力相等，则连接一侧所需螺栓数 n 为：

$$n \geqslant \frac{N}{N_{min}^b}$$

验算螺栓的受剪承载力后，尚应对构件净截面强度进行验算。构件开孔处净截面强度应满足：

$$\sigma = \frac{N}{A_n} \leqslant 0.7 f_u$$

（2）受拉螺栓连接

一个受拉螺栓的承载力设计值为：

$$N_t^b = A_e f_t^b = \frac{1}{4} \pi d_e^2 f_t^b$$

假定各个螺栓所受拉力相等，则连接所需螺栓数目为：

$$n = \frac{N}{N_t^b}$$

（3）同时承受剪力和拉力的螺栓连接

当螺栓同时承受剪力和杆轴方向拉力时，连接中最危险螺栓所承受的剪力和拉力应满足下式条件：

$$\sqrt{\left(\frac{N_v}{N_v^b}\right)^2 + \left(\frac{N_t}{N_t^b}\right)^2} \leqslant 1$$

同时，为防止因板件过薄而引起承压破坏，还应满足：

$$N_v \leqslant N_c^b$$

3. 高强度螺栓连接

（1）高强度螺栓连接的受力性能

高强度螺栓连接受剪力时，按其传力方式又可分为摩擦型和承压型两种。

承压型高强度螺栓连接承载力比摩擦型高，但因其剪切变形比摩擦型大，故只适用于承受静力荷载和对结构变形不敏感的结构中，对于直接承受动力荷载的连接应选用摩擦型高强度螺栓连接。

高强度螺栓的预拉力是通过拧紧螺母实现的。一般采用扭矩法、转角法和扭断螺栓尾部法来控制预拉力。

（2）高强度螺栓摩擦型连接的计算

1）摩擦型高强度螺栓的抗剪承载力设计值为：

$$N_v^b = 0.9 k n_f \mu p \quad (k\text{ 为孔型系数})$$

$$n = \frac{N}{N_v^b}$$

$$N' = N\left(1 - \frac{0.5 n_1}{n}\right)$$

$$\sigma = \frac{N'}{A_n} \leqslant 0.7 f_u$$

2）高强度螺栓连接的受拉计算：

一个抗拉高强度螺栓的承载力设计值为：

$$N_t^b = 0.8 P$$

3）高强度螺栓连接同时受剪、受拉的计算：

$$\frac{N_v}{N_v^b} + \frac{N_t}{N_t^b} \leqslant 1.0$$

（3）高强度螺栓承压型连接的计算

在抗剪连接中，每个承压型高强度螺栓的承载力设计值的计算方法与普通螺栓相同，但当剪切面在螺纹处时，其受剪承载力设计值应按螺纹处的有效面积进行计算。

在杆轴方向受拉的连接中，每个承压型高强度螺栓的承载力设计值为：

$$N_t^b = 0.8 P$$

同时承受剪力和杆轴方向拉力的承压型高强度螺栓，应符合下式要求：

$$\sqrt{\left(\frac{N_v}{N_v^b}\right)^2 + \left(\frac{N_t}{N_t^b}\right)^2} \leqslant 1$$

$$N_v \leqslant N_c^b / 1.2$$

七、轴心受力构件

1. 截面形式

轴心受力构件根据截面形式可分为实腹式和格构式两种。

2. 轴心受力构件的计算

（1）强度计算

对于轴心受拉和轴心受压构件：

$$\sigma = \frac{N}{A} \leqslant f$$

对于沿全长都有排列较密螺栓的组合构件：

$$\sigma = \frac{N}{A_n} \leqslant f$$

（2）刚度验算

轴心受力构件的刚度以其长细比来衡量，应满足下式要求：

$$\lambda = \frac{l_0}{i} \leqslant [\lambda]$$

（3）实腹式轴心受压构件稳定性验算

钢结构及其构件应具有足够的稳定性，包括整体稳定性和局部稳定性。

1）整体稳定性验算

轴心受压构件的整体稳定性应符合下式要求：

$$\frac{N}{\varphi A f} \leqslant 1.0$$

2）局部稳定性验算

《钢结构标准》规定，受压构件中板件的局部稳定以板件屈曲不先于构件的整体失稳为条件，并以限制板件的宽厚比来加以控制。

八、受弯构件

（1）梁的强度计算

梁的强度计算包括抗弯强度计算、抗剪强度计算，有时尚需进行局部承压强度和折算应力计算。本书只介绍抗弯强度计算和抗剪强度计算。

1）抗弯强度

《钢结构标准》以梁截面塑性发展到一定深度（即截面只有部分区域进入塑性区）作为设计极限状态。梁的抗弯强度按下列公式计算：

$$\frac{M_x}{\gamma_x W_{nx}} + \frac{M_y}{\gamma_y W_{ny}} \leqslant f$$

2）抗剪强度

《钢结构标准》以截面最大剪力达到所用钢材剪应力屈服点作为抗剪承载力极限状态。梁的抗剪强度按下式计算：

$$\tau = \frac{VS}{I t_w} \leqslant f_v$$

（2）梁的刚度验算

钢梁设计应保证其刚度要求，通过验算变形（即挠度）来实现：

$$v \leqslant [v]$$

$$或 v/l \leqslant [v]/l$$

(3) 梁的整体稳定

梁在最大刚度水平面内受弯时，其整体稳定性按下式验算：

$$\frac{M_x}{\varphi_b W_x f} \leqslant 1.0$$

《钢结构标准》规定，当符合下列情况之一时，不必计算梁的整体稳定性：

① 有铺板（各种钢筋混凝土板或钢板）密铺在梁的受压翼缘上并与其牢固相连，能阻止梁的受压翼缘的侧向位移时；

② 对箱形截面简支梁，当满足 $h/b_0 \leqslant 6$，$l_1/b_0 \leqslant 95(235/f_y)$ 时，l_1 为受压翼缘侧向支承点间的距离（梁的支座处视为有侧向支承）。

(4) 梁的局部稳定

1) 梁的局部稳定的概念

2) 避免梁局部失稳的措施

① 限制翼缘板宽厚比和腹板高厚比；

② 设置加劲肋。

九、偏心受力构件

1. 偏心受力构件的截面形式

偏心受力构件可分为偏心受拉构件（拉弯构件）和偏心受压构件（压弯构件）两类。

2. 偏心受力构件的计算

(1) 强度计算

单向拉弯或压弯构件

$$\frac{N}{A_n} \pm \frac{M}{\gamma W_n} \leqslant f$$

双向拉弯或压弯构件

$$\frac{N}{A_n} \pm \frac{M_x}{\gamma_x W_{nx}} \pm \frac{M_y}{\gamma_y W_{ny}} \leqslant f$$

(2) 刚度验算

拉弯构件和压弯构件的刚度要求都以长细比来控制，应满足下式要求：

$$\lambda_{max} \leqslant [\lambda]$$

(3) 实腹式压弯构件的整体稳定性验算

实腹式压弯构件的整体稳定性验算包括弯矩作用平面内的稳定性和弯矩作用平面外的稳定性验算。

1) 实腹式压弯构件在弯矩作用平面内的稳定性

弯矩作用平面内的稳定性应满足下式要求：

$$\frac{N}{\varphi_x A f} + \frac{\beta_{mx} M_x}{\gamma_x W_{1x}\left(1 - 0.8\dfrac{N}{N'_{Ex}}\right)} \leqslant 1.0$$

2) 实腹式压弯构件在弯矩作用平面外的稳定性

当压弯构件的弯矩作用在截面最大刚度的平面内时，因弯矩作用平面外截面的刚度较小，构件可能向弯矩作用平面外发生侧向弯扭屈曲破坏，应满足下式要求：

$$\frac{N}{\varphi_y A f}+\eta \frac{\beta_{tx} M_x}{\varphi_b W_{1x} f} \leqslant 1.0$$

（4）实腹式压弯构件的局部稳定

实腹式压弯构件当截面由较宽较薄的板件组成时，有可能丧失局部稳定。《钢结构标准》以限制腹板高厚比和翼缘宽厚比来保证实腹式压弯构件的局部稳定。

十、轻型钢屋架

轻型钢屋架包括三角形屋架、三铰拱屋架、菱形屋架以及平坡梯形钢屋架。

十一、檩条

檩条宜优先采用实腹式构件，也可采用空腹式或格构式构件。实腹式檩条包括普通型钢和冷弯薄壁型钢两种。

十二、轻型钢屋架的节点构造

1. 圆钢、小角钢轻型屋架
2. 薄壁型钢屋架的节点构造

十三、门式刚架结构基本组成及结构形式

主结构——刚架梁、钢架柱；
次结构——檩条、墙架柱（及抗风柱）、墙梁；
支撑结构——屋盖支撑、柱间支撑、系杆；
围护结构——屋面（屋面板、采光板、通风器等）、墙面（墙板、门、窗）；
辅助结构——吊车梁、牛腿、雨棚、平台及栏杆等。
门式刚架构件体系可以分为实腹式和格构式。

十四、门式刚架结构布置

1. 柱网

门式刚架的跨度宜为 9～36m，以 3m 为模数。边柱的截面高度不相等时，其外侧要对齐。门式刚架的间距宜为 6m，也可采用 7.5m 或 9m，最大可用 12m，跨度较小时可用 4.5m。

2. 变形缝

纵向温度区段长度不大于 300m，横向温度区段长度不大于 150m。

3. 墙梁

门式刚架轻型房屋钢结构的侧墙，在采用压型钢板作围护面时，墙梁宜布置在刚架柱的外侧。

4. 支撑

柱间支撑的间距一般取 30～40m，不大于 60m。房屋高度较大时，柱间支撑要分层设

置。在设置柱间支撑的开间应同时设置屋盖横向支撑，以组成几何不变体系。

屋盖横向端部支撑宜设在温度区段端部的第二个开间，此时，在第一开间的相应位置宜设置刚性系杆。刚架转折处（如柱顶和屋脊）也应设置刚性系杆。

5. 隅撑

当实腹式刚架斜梁的下翼缘受压时，必须在受压翼缘的两侧布置隅撑（端部仅布置在一侧）作为斜梁的侧向支承，隅撑的另一端连接在檩条上。

十五、门式刚架节点构造

1. 横梁与柱连接节点

门式刚架横梁与柱的连接，可采用端板竖放、端板平放、端板斜放三种形式。主刚架构件的连接宜采用高强度螺栓，可采用承压型或摩擦型连接。螺栓直径通常采用 M16～M24。

2. 横梁拼接

3. 柱脚

门式刚架轻型房屋钢结构的柱脚，可采用平板式铰接柱脚，也可采用刚性柱脚。

章节练习

7.1 建筑钢结构材料

一、填空题

1. 碳素结构钢的牌号由_____、_____、_____、_____四部分组成。
2. 低合金高强度结构钢牌号由_____、_____、_____三部分组成。
3. 构件标注中 L 100×80×8 表示_____。
4. 热轧宽翼缘 H 型钢规格表示方法_____。
5. 钢材的强度标准采用_____。
6. 鉴定钢材在弯曲状态下的塑性应变能力和钢材质量的指标是_____。

二、单选题

1. 四种厚度不等的 Q345 钢板，其中设计强度最高的是（　　）。
   A. 16mm 　　　　　　　　　　B. 20mm
   C. 25mm 　　　　　　　　　　D. 30mm
2. 碳素结构钢，对冲击韧性不做要求的是（　　）。
   A. A 级 　　　　　　　　　　B. B 级
   C. C 级 　　　　　　　　　　D. D 级

三、多选题

1. 钢材的力学性能包括（　　）。

A. 塑性 　　　　　　　　　　B. 冷弯性能
C. 强度 　　　　　　　　　　D. 冲击韧性
E. Z向性能

四、判断题

1. 一对同一牌号的钢材，厚钢板强度要比薄钢板强度高。（　　）
2. 衡量钢材塑性性能指标的是伸长率和冲击韧性。（　　）
3. 钢管的表示方法为符号 ϕ ＋外径。（　　）

五、简答题

1. 钢结构用钢材的选用应考虑哪些方面？

7.2　钢结构连接

一、填空题

1. 高强度螺栓等级 10.9 级表示_____。
2. 钢结构的连接方法有_____、_____、_____。
3. 对接焊接处，板件厚度不同时，厚度较大的板应加工成坡度不大于_____的斜坡。
4. 普通螺栓是通过_____传力的；摩擦型高强度螺栓是通过_____传力的。
5. 单个螺栓承受剪力时，螺栓承载力应取_____和_____的较小值。
6. 焊接残余应力对构件的_____无影响。
7. 在弹性阶段，侧面角焊缝应力沿长方向分布为_____。
8. 普通螺栓受剪连接主要有四种破坏形式：_____、_____、_____、_____。
9. 性能等级为 4.6 级和 4.8 级 C 普通螺栓连接，_____级的安全储备更大。
10. 当对接焊缝无法使用引弧板施焊时，每条焊缝的长度计算时应减去_____。
11. 侧面角焊缝和正面角焊缝的计算长度不得小于_____。
12. 在次要构件和次要焊缝连接中，断续角焊缝段的长度为_____。
13. 普通螺栓受剪连接主要有四种破坏形式，即（Ⅰ）一螺杆剪断；（Ⅱ）孔壁挤压破坏；（Ⅲ）构件拉断；（Ⅳ）端部钢板冲切破坏。设计时应按_____（序号）进行计算。

二、单选题

1. 摩擦型高强度螺栓连接受剪破坏时作用剪力超过了（　　）。
   A. 螺栓的抗拉强度　　　　　　　　B. 连接板间摩擦力
   C. 连接板间毛截面强度　　　　　　D. 连接板间孔壁承压强度

2. 在钢梁底面设置吊杆，其拉力设计值为 650kN（静载），吊杆通过节点板，将荷载传给钢梁，节点板采用双面角焊缝，焊于梁下翼缘，$h_f=10\text{mm}$，$f_f^w=160\text{kN/mm}^2$，则每面焊缝长度为（　　）。

   A. 240mm　　　　　　　　　　　　B. 250mm
   C. 260mm　　　　　　　　　　　　D. 270mm

三、多选题

1. 通过保证螺栓间距和螺栓边距不小于规定值能够保证螺栓不发生下列何种破坏？（　　）。
   A. 栓杆被剪断　　　　　　　　　　B. 构件端部被剪坏
   C. 螺栓弯曲破坏　　　　　　　　　D. 孔壁挤压破坏

2. 高强度螺栓的预拉力是通过拧紧螺母实现的，一般采用（　　）来控制预拉力。
   A. 扭矩法　　　　　　　　　　　　B. 转角法
   C. 剪切法　　　　　　　　　　　　D. 扭断螺栓尾部法

四、判断题

1. 焊缝质量等级分为三级，其中一级只要求外观检测，二、三级要做无损探伤。（　　）
2. 角焊缝中焊脚尺寸越大越好。（　　）
3. 承压型高强度螺栓可直接承受动载。（　　）
4. 残余应力会降低结构刚度。（　　）
5. Q235 钢和 Q345 钢焊接采用 E50 系列焊条。（　　）

五、计算题

1. 在如图所示角钢和节点板采用两侧面焊缝的连接中，$N=770\text{kN}$（静荷载设计值），角钢为 $2\text{L}110\times10$，节点板厚，钢材为 Q235AF，焊条 E43 型，手工焊。试确定所需角焊缝的焊脚尺寸和焊缝长度。（提示：角焊缝的强度设计值 $f_f^w=160\text{N/mm}^2$；角钢两侧角焊缝的内力分配系数：角钢肢背 0.7；角钢肢尖 0.3）

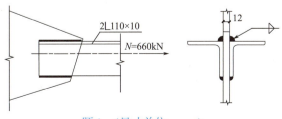

题 1（尺寸单位：mm）

2. 试设计一双盖板拼接的钢板连接，如图所示。钢材 Q235-B，高强度螺栓为 8.8 级的 M20，连接处构件接触面用喷砂处理，作用在螺栓群形心处的轴心拉力设计值 $N= 850\text{kN}$，试设计此连接。

题 2 （尺寸单位：mm）

7.3 钢结构构件

一、填空题

1. 保证梁整体稳定的 2 个措施是＿＿＿＿、＿＿＿＿。
2. 轴心受力构件的刚度是以＿＿＿＿衡量。
3. 轴心受力格构柱设计中，对虚轴的长细比 λ 应＿＿＿＿考虑，考虑后的长细比称为换算长细比。
4. 柱顶设置梁的顶板，为使梁传给柱子压力通过顶板均匀分布到柱上，顶板应具有足够的刚度，其厚度不小于＿＿＿＿。
5. 刚性系杆的设置原则是：①＿＿＿＿；②＿＿＿＿。
6. 避免梁的局部失稳有两个途径，是＿＿＿＿和＿＿＿＿。

7. 梁的拼接分为_____和_____。

8. 梁的腹板以承受剪力为主，组合梁的腹板主要靠设置_____来保证其局部稳定。

9. 梁整体稳定公式 $\sigma = M_x/W_x \leq \varphi_b f$，$\varphi_b$ 含义是_____。

10. 刚架柱计算需要满足强度、整体稳定和局部稳定，还需满足_____要求。

11. 对轴心受力构件截面形式的共同要求是_____、_____、_____、_____.

12. 轴压构件腹板局部稳定保证条件是_____。

13. 柱顶设置梁的顶板，为使梁传给柱子压力通过顶板均匀分布到柱上，顶板应具有足够的刚度，其厚度不小于_____。

14. 规范规定，当钢梁满足_____和_____情况之一，不必计算梁整体稳定。

15. 实腹式压弯构件的整体稳定，包括_____和_____稳定。

二、单选题

1. 实腹式轴心受拉构件计算内容有（　　）。
   A. 强度　　　　　　　　　　　　B. 强度和整体稳定
   C. 强度、局部稳定、整体稳定　　D. 强度、刚度（长细比）

2. 验算组合梁刚度时，荷载通常取（　　）。
   A. 标准值　　　　　　　　　　　B. 设计值
   C. 组合值　　　　　　　　　　　D. 最大值

3. 梁纵向加劲肋应布置在（　　）。
   A. 靠近上翼缘　　　　　　　　　B. 靠近下翼缘
   C. 靠近受压翼缘　　　　　　　　D. 靠近受拉翼缘

4. 计算梁的（　　）时，应采用净截面几何参数。
   A. 正应力　　　　　　　　　　　B. 剪应力
   C. 整体稳定　　　　　　　　　　D. 局部稳定

5. 计算直接承受动荷载的工字形截面梁抗弯强度时 γ_x 取值为（　　）
   A. 1.0　　　　　　　　　　　　　B. 1.05
   C. 1.15　　　　　　　　　　　　　D. 1.2

三、判断题

1. 计算受拉与受压构件刚度（长细比）时，前者容许长度比比后者容许长度比大。（　　）

2. 轴压构件等稳定条件是 $l_{0x} = l_{0y}$。（　　）

3. 《钢结构标准》以梁截面塑性发展到一定深度（即截面只有部分区域进入塑性区）作为设计极限状态。（　　）

4. 当钢梁的截面又高又窄时，就有可能在达到强度极限承载能力之前，丧失整体稳定。（　　）

5. 拉弯和压弯构件只要满足承载力极限状态，不必计算正常使用的极限状态。（ ）

四、计算题

1. 如图所示的轴心受压柱上下两端均为铰接，截面为热轧工字钢 I32a 型，计算长度 $l_{0x}=600$cm，$l_{0y}=200$cm，承受的轴心压力设计值为 970kN，钢材 Q235B。试验算该柱的刚度与整体稳定性是否满足要求。

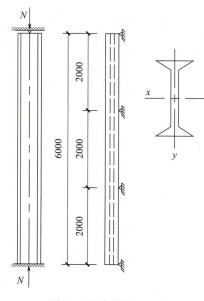

题 1 （尺寸单位：mm）

2. 如图所示，某楼盖抹灰顶棚的次梁为简支梁，计算跨度为 6m，采用型钢梁（I32a），材料为 Q235。跨中承受集中荷载，其中永久荷载 7kN，可变荷载 45kN，集中荷载沿梁跨度方向的支承长度为 50mm。试验算梁的强度和刚度。

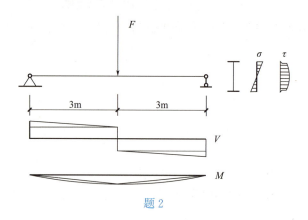

题 2

7.4 轻钢屋盖和门式刚架轻型房屋钢结构

一、填空题

1. 柱间支撑的作用有_____、_____、_____。
2. 钢屋盖的结构体系分为_____和_____。
3. 屋面支撑的作用有_____、_____、_____、_____。
4. 屋架的标志跨度是指_____。
5. 屋架的计算跨度是指_____。
6. 钢屋盖支撑有_____、_____、_____、_____、_____。
7. 轻钢结构可以设置起重量不大于_____的中轻级工作制吊车或者_____的悬挂起重机。
8. 轻钢屋盖是指_____。
9. 天窗结构由_____、_____、_____、_____组成。
10. 网架结构形式有_____、_____。
11. 钢屋盖结构主要由_____、_____、_____、_____、_____等构件组成。
12. 钢屋架的主要尺寸有_____、_____、_____。
13. 钢屋盖支撑有_____、_____、_____、_____、_____，支撑作用是_____。
14. 屋架上弦节点一般另加盖板连接，连接盖板厚度一般为_____，连接角焊缝的焊脚尺寸为_____。

二、单选题

1. 有檩体系屋架经济距离为（　　）。
   A. 5～6m   B. 7～9m
   C. 10m   D. 10m 以上
2. 从力学角度出发，确定屋架外形，与（　　）相适应。
   A. 剪力图   B. 弯矩图
   C. 轴力图   D. 弯矩、剪力图
3. 屋架下弦节点板一般伸出弦杆（　　）。
   A. 15mm 以上   B. 20mm 以上
   C. 10～15mm   D. 30～35mm

4. 焊接屋架节点处，腹杆与弦杆、腹杆与腹杆边缘之间的间隙 a 不小于（　　）。

A. 30mm　　　　　　　　　　B. 15mm

C. 25mm　　　　　　　　　　D. 20mm

5. 采用角钢做屋架上弦，应对角钢水平肢进行加强，设加劲肋，加劲肋厚度要求（　　）。

A. 6mm 左右　　　　　　　　B. 10～15mm

C. 8～10mm　　　　　　　　D. 15～20mm

三、判断题

1. 角钢端的切割可肢背切割。（　　）

2. 屋盖有檩体系比无檩体系刚度好。（　　）

3. 檩条必须放在屋架上弦节点上，才对结构有利。（　　）

4. 网架结构的节点起连接汇交杆件和传递荷载的作用。（　　）

5. 柱间支撑交叉杆都应按压杆考虑。（　　）

6. 拉条安装在檩条中性轴上。（　　）

参考答案

教学单元 7　钢结构

综合试题（一）

一、填空题（20个空，每个空1分，共20分）

1. 建筑结构是由_____组成的能承受和传递_____的体系。
2. 砌体结构是由_____和_____砌筑的墙、柱作为建筑物主要受力构件的结构。
3. 荷载按随时间的变异可分为_____、_____和_____。
4. 建筑结构在设计使用年限内应具备的功能要求有_____、_____和_____。
5. 当梁的腹板高度 $h_w \geq$ _____ mm 时，应在梁的两个侧面沿高度配置纵向构造钢筋，构造钢筋的间距 $s \leq$ _____ mm。
6. 受弯构件斜截面的三种破坏形态是_____、_____、_____。
7. 按照纵向压力在截面上作用位置的不同，受压构件分为_____受压构件和_____受压构件。
8. 钢结构的连接方法有_____、_____、_____。

二、单选题（10题，每题2分，共20分）

1. 下列不属于建筑结构竖向构件的是（　　）。
   A. 框架柱　　　　　　　　B. 剪力墙
   C. 填充墙　　　　　　　　D. 框架
2. 可变荷载也称活荷载，例如（　　）。
   A. 爆炸力　　　　　　　　B. 撞击力
   C. 风荷载　　　　　　　　D. 土压力
3. 四种厚度不等的 Q345 钢板，其中设计强度最高的是（　　）。
   A. 16mm　　　　　　　　 B. 20mm
   C. 25mm　　　　　　　　 D. 30mm
4. 块体和砂浆的强度等级是按（　　）划分。
   A. 抗压强度　　　　　　　B. 抗拉强度
   C. 抗剪强度　　　　　　　D. 抗扭强度
5. 柱中纵向受力钢筋的净距不应小于（　　）。

A. 25mm   B. 30mm
C. 40mm   D. 50mm

6. 为统一模板尺寸，方便施工，当梁的高度大于（　　）时以 100mm 为模数。

A. 800mm   B. 700mm
C. 600mm   D. 500mm

7. 关于架立筋，下列哪一种说法是错误的？（　　）。

A. 架立筋与箍筋一起构成钢筋骨架   B. 架立筋可起到抵抗梁产生裂缝的作用
C. 架立筋直径的选用与梁的跨度无关   D. 有时受压钢筋可兼作架立筋

8. 梁的混凝土保护层厚度指（　　）。

A. 纵向受力钢筋外边缘至混凝土表面的距离
B. 箍筋外边缘至混凝土表面的距离
C. 钢筋内边缘至混凝土表面的距离
D. 纵向受力钢筋重心至混凝土表面的距离

9. 下列何项论述是不正确的？（　　）。

A. 墙、柱的高厚比系指墙、柱的计算高度 H_0 与墙厚或矩形截面柱对应边长的比值
B. 墙、柱的允许高厚比值与墙、柱的承载力计算有关
C. 墙、柱的高厚比验算是砌体结构设计的重要组成部分
D. 高厚比验算是保证砌体结构构件稳定性的重要构造措施之一

10. 钢筋砖过梁的跨度不应超过（　　）。

A. 1.2m   B. 1.5m
C. 1.8m   D. 2.0m

三、判断题（10题，每题1分，共10分）

1. 木结构为全部或大部分承力构件由木材制成的结构。（　　）
2. 挑梁本身强度足够时，其有两种破坏形态：倾覆破坏和局部受压破坏。（　　）
3. 第一类 T 形截面一般不会超筋。（　　）
4. 受弯构件中，超筋梁发生的是延性破坏，适筋和少筋梁发生的是脆性破坏。（　　）
5. 预应力混凝土结构可以避免构件裂缝的过早出现。（　　）
6. 砖柱的抗压强度远小于砖的抗压强度。（　　）
7. 用于混凝土结构的钢筋，不需要有较高的强度和良好的塑性。（　　）
8. 结构的变形缝只有两种：伸缩缝和防震缝。（　　）
9. 轴心受压钢筋混凝土柱，根据长细比的不同，可以分为短柱和长柱。（　　）
10. 结构功能的极限状态分为受弯能力极限状态和受剪能力极限状态。（　　）

四、简答题（5题，每题6分，共30分）

1. 钢筋混凝土结构的优点和缺点有哪些？

2. 影响砌体抗压强度的因素有哪些?

3. 钢筋混凝土多高层建筑的常用结构体系有哪些？分别适用于哪种建筑物？

4. 预应力混凝土的基本原理是什么？

5. 简述受弯构件适筋梁从开始加荷至破坏经历了哪几个阶段。

五、计算题（2题，每题10分，共20分）

1. 某住宅楼面梁，由永久荷载标准值引起的弯矩 $M_{gk}=55kN·m$，由楼面可变荷载标准值引起的弯矩 $M_{qk}=25kN·m$，可变荷载组合值系数 $\psi_c=0.7$，结构安全等级为二级，设计使用年限为50年。试求按承载能力极限状态设计时梁的最大弯矩设计值 M。

2. 某钢筋混凝土矩形截面简支梁，承受弯矩设计值 $M=180\text{kN}\cdot\text{m}$，截面尺寸 $b\times h=250\text{mm}\times500\text{mm}$，采用 C30 级混凝土（$f_c=14.3\text{N/mm}^2$，$f_t=1.43\text{N/mm}^2$），纵向受力钢筋采用 HRB400 级钢筋（$f_y=f'_y=360\text{N/mm}^2$），$a_s=45\text{mm}$，求纵向受力钢筋的截面面积。（$\xi_b=0.518$）

参考答案

综合试题（一）

综合试题（二）

一、填空题（20个空，每个空1分，共20分）

1. 钢筋混凝土结构是由_____和_____两种不同的材料组成的。
2. 钢结构是指以_____为主制作的结构。
3. 对于不同的荷载和不同的设计情况，应赋予荷载不同的量值，该量值即为荷载_____。
4. 当功能函数 $Z<0$ 时，结构处于_____状态（A 可靠状态；B 失效状态）。
5. 砌体材料中块材的主要类型有_____、_____、_____。
6. 钢筋混凝土楼盖按其施工方法可以分为_____、_____、_____。
7. 按墙面开洞情况，剪力墙可以分为_____、_____、_____、_____。
8. 钢筋混凝土楼梯按结构受力状态不同可分为_____、_____、_____、_____。
9. 普通房屋和构筑物的设计使用年限为_____年。

二、单选题（10题，每题2分，共20分）

1. 下列不属于建筑结构水平构件的是（   ）。
   A. 框架梁　　　　　　　　　　B. 柱
   C. 雨篷板　　　　　　　　　　D. 屋架
2. 柱中纵向受力钢筋直径不宜小于（   ）。
   A. 10mm　　　　　　　　　　B. 12mm
   C. 14mm　　　　　　　　　　D. 16mm
3. 钢筋混凝土单位体积自重标准值为 $25kN/m^3$，则截面尺寸为 250mm×500mm 的钢筋混凝土矩形截面梁的自重标准值为（   ）。
   A. 2.5kN/m　　　　　　　　　B. 3.125kN/m
   C. 6.25kN/m　　　　　　　　 D. 3.75kN/m
4. 第一类T形截面受弯构件的受压区形状是（   ）。
   A. 翼缘高度内矩形　　　　　　B. 翼缘高度外矩形
   C. 翼缘高度内T形　　　　　　D. 翼缘高度外T形

5. 发生下列哪一种状态，即可认为达到结构的正常使用极限状态？（   ）
   A. 楼面变形过大，粉刷层脱落   B. 结构或结构构件丧失稳定
   C. 地基丧失承载能力而破坏   D. 梁作为刚体失去平衡
6. 不符合工程结构抗震设计的基本准则是（   ）。
   A. 小震不坏   B. 中震可修
   C. 大震不倒   D. 地震不怕
7. 板中分布钢筋的作用，说法错误的是（   ）。
   A. 将板上的荷载均匀的传给受力钢筋
   B. 抵抗因混凝土收缩及温度变化而产生的拉应力
   C. 固定受力钢筋的正确位置
   D. 承担板中弯矩作用产生的拉力
8. 对于无腹筋梁，当 $\lambda > 3$ 时，常发生什么破坏？（   ）
   A. 斜压破坏   B. 斜拉破坏
   C. 剪压破坏   D. 弯曲破坏
9. 某单层房屋，其砖柱截面为 490mm×370mm，计算高度为 4.5m，采用 M5 混合砂浆砌筑，该柱的高厚比为（   ）。
   A. 12.16   B. 9.18
   C. 13.51   D. 10.20
10. 关于轴心受压构件中纵向钢筋的作用，说法错误的是（   ）。
    A. 与混凝土共同承受压力
    B. 提高构件的变形能力，但不能改善受压破坏时的脆性
    C. 减小混凝土的徐变变形
    D. 承受可能产生的偏心距

三、判断题（10题，每题1分，共10分）

1. 墙、柱的高厚比验算是为了保证墙、柱的承载力要求。（   ）
2. 双向板楼盖的荷载传递路线是：板→次梁→主梁→柱或墙。（   ）
3. 素混凝土纯扭构件，构件的裂缝与轴线成45°角。（   ）
4. 装配式楼盖中板与板之间的连接常采用灌板缝的方法解决。（   ）
5. 地震烈度指地震时某一地点震动的强烈程度。（   ）
6. 对于截面形状复杂的构件，可以采用具有内折角的箍筋。（   ）
7. 板中的分布钢筋布置在受力钢筋的内侧。（   ）
8. 砌体结构具有良好的耐火性及耐久性。（   ）
9. 配置两根钢筋的梁叫作双筋梁。（   ）
10. 全预应力混凝土构件在使用条件下，构件截面混凝土允许出现裂缝。（   ）

四、简答题（5题，每题6分，共30分）

1. 砌体结构的优点和缺点有哪些？

2. 确定受弯构件等效受压区矩形应力图的原则是什么？

3. 什么是配筋率？配筋率对梁的正截面承载能力有哪些影响？

4. 何为预应力？预应力混凝土结构的优缺点是什么？

5. 简述框架结构的结构布置方案以及各自的特点。

五、计算题（2题，每题10分，共20分）

1. 某钢筋混凝土矩形截面简支梁，截面尺寸 $b \times h = 200\text{mm} \times 500\text{mm}$，计算跨度 $l_0 = 5\text{m}$；梁上作用永久荷载标注值（不含自重）12kN/m，可变荷载标准值 10kN/m，可变荷载组合值系数 $\psi_c = 0.7$，梁的安全等级为二级，设计使用年限为50年。试求按承载能力极限状态设计时梁的最大弯矩设计值 M。

2. 某钢筋混凝土矩形截面梁，承受弯矩设计值 $M=100\text{kN}\cdot\text{m}$，$b\times h=250\text{mm}\times 500\text{mm}$，混凝土强度等级为 C30（$f_c=14.3\text{N/mm}^2$，$f_t=1.43\text{N/mm}^2$），纵向钢筋采用 HRB400，配置 3 根直径 20mm，$A_s=941\text{mm}^2$，$f_y=360\text{N/mm}^2$。验算该梁的抗弯能力是否满足要求。（$a_s=45\text{mm}$，$\xi_b=0.518$，$\rho_{\min}=0.2\%$）

综合试题（二）

综合试题（三）

一、填空题（20个空，每个空1分，共20分）

1. 按照承重结构所用材料的不同，建筑结构可分为_____、_____、_____、_____四种类型。
2. 对可变荷载应根据设计要求采用标准值、_____、_____或_____作为代表值。
3. 通常施加预应力的方法有_____和_____。
4. 板中通常布置两种钢筋，分别为_____和_____。
5. 计算现浇板肋形楼盖时，次梁跨中截面通常按_____（填"矩形"和"T形"）截面计算。
6. 为了保证在调幅截面能够形成塑性铰，且具有足够的转动能力，塑性铰截面中混凝土受压区高度不大于_____。
7. 梁根据纵向钢筋配筋率的不同，分为_____、_____和_____三种类型。
8. 柱的长细比越大，其承载力越_____，对于长细比很大的长柱还有可能发生_____破坏。
9. 当受拉钢筋的直径 $d>$_____mm 及受压钢筋的直径 $d>$_____mm 时，不宜采用绑扎搭接接头。

二、单选题（10题，每题2分，共20分）

1. 下列有关钢筋混凝土结构特点的说法正确的是（　　）。
   A. 可模性好　　　　　　　　B. 抗裂性能好
   C. 工期短　　　　　　　　　D. 自重轻
2. 相同等级的混凝土，其三个强度的相对大小关系为（　　）。
   A. $f_{cu,k} \geq f_c \geq f_t$　　　　　　B. $f_c \geq f_{cu,k} \geq f_t$
   C. $f_{cu,k} \geq f_t \geq f_c$　　　　　　D. $f_t \geq f_c \geq f_{cu,k}$
3. 截面尺寸和材料强度一定时，钢筋混凝土受弯构件正截面承载力与受拉区纵筋配筋率的关系是（　　）。
   A. 配筋率越大，正截面承载力越大

B. 配筋率越大，正截面承载力越小

C. 当配筋率在某一范围内时，配筋率越大，正截面承载力越大

D. 没有关系

4. 普通砖砌体结构，构件截面面积 $A<0.3m^2$ 时，其强度设计值应乘以调整系数（　　）。

A. 0.75　　　　　　　　　　　　B. 0.89

C. $0.7+A$　　　　　　　　　　D. 0.9

5. 混凝土的强度等级为 C30，则下列说法正确的是（　　）。

A. 其立方体抗压强度标准值达到了 $30N/mm^2$

B. 其轴心抗压强度达到了 $30N/mm^2$

C. 其立方体抗压强度标准值达到了 $30N/m^2$

D. 其轴心抗拉强度达到了 $30N/m^2$

6. 受弯混凝土构件，若其纵筋配筋率小于最小配筋率，我们一般称之为（　　）。

A. 适筋梁　　　　　　　　　　　B. 少筋梁

C. 超筋梁　　　　　　　　　　　D. 无腹筋梁

7. 适筋梁的破坏特征是（　　）。

A. 破坏前无明显的预兆　　　　　B. 受压钢筋先屈服，后压区混凝土被压碎

C. 是脆性破坏　　　　　　　　　D. 受拉钢筋先屈服，后压区混凝土被压碎

8. 一般受弯构件当 $V\leqslant 0.7bh_0f_t$ 时（　　）。

A. 可直接按最小配箍率配箍

B. 直接按规范构造要求的最大箍筋间距和最小箍筋直径配箍

C. 按箍筋的最大间距和最小直径配箍，并验算最小配箍率

D. 按计算配箍

9. 发生下列哪一种状态，即可认为达到结构的承载能力极限状态？（　　）

A. 楼面变形过大，粉刷层脱落　　B. 水池或油罐出现裂缝而出现渗漏现象

C. 长柱出现明显的压曲变形　　　D. 梁作为刚体失去平衡

10. 结构的抗震等级可分为（　　）级。

A. 三　　　　　　　　　　　　　B. 五

C. 四　　　　　　　　　　　　　D. 六

三、判断题（10题，每题1分，共10分）

1. 混凝土的轴心抗压强度是确定混凝土强度等级的依据。（　　）

2. 一般情况下，可变荷载的分项系数取为1.2。（　　）

3. 适筋梁从加荷开始至破坏可分为三阶段，分别为弹性工作阶段、带裂缝工作阶段和破坏阶段。（　　）

4. 大偏压构件破坏特征为受拉钢筋首先到达屈服，后压区混凝土被压碎，具有塑性破坏的性质。（　　）

5. 常用的钢结构连接方法只有螺栓连接和焊接。（　　）

6. 受压构件的长细比越大，稳定系数值越高。（　　）

7. 构件的高厚比是指构件的计算高度与其相应的边长的比值。（　）
8. 在设计中可以通过限制最小截面尺寸来防止斜拉破坏的发生。（　）
9. 计算剪跨比为集中荷载作用点至支座的距离 a 和梁有效高度 h_0 的比值。（　）
10. 受弯构件的纵筋配筋率是钢筋截面面积与构件的有效截面面积之比。（　）

四、简答题（5题，每题6分，共30分）

1. 钢结构的优点和缺点有哪些？

2. 钢筋和混凝土共同工作的基础是什么？

3. 砌体结构中砂浆的作用是什么？

4. 钢筋混凝土梁中有哪几种类型的钢筋及其作用？

5. 受压构件中箍筋的作用是什么？

五、计算题（2题，每题10分，共20分）

1. 一钢筋混凝土矩形截面简支梁，截面尺寸 250mm×500mm，混凝土强度等级为 C25，箍筋为热轧 HPB300 级钢筋，纵筋为 4⌀25 的 HRB400 级钢筋，支座处截面的剪力最大值为 195kN。求：箍筋和弯起钢筋的数量。

2. 某单层多跨无吊车厂房，柱间距 6m，每开间有 3m 宽的窗洞，横墙间距为 36m，采用钢筋混凝土大型屋面板作为屋盖，壁柱墙（承重墙）高度 $H=6$m，壁柱为 370mm×490mm，墙厚 240mm，采用 M7.5 混合砂浆砌筑，试验算带壁柱墙的高厚比。

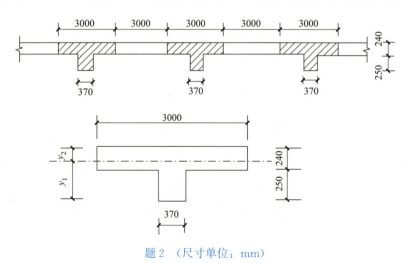

题2 （尺寸单位：mm）

参考答案

综合试题（三）

综合试题（四）

一、填空题（20 个空，每个空 1 分，共 20 分）

1. 我国烧结普通砖的规格为_____。
2. 钢筋混凝土受弯构件正截面的破坏形式有三种，即：_____破坏、_____破坏和_____破坏。
3. 可变荷载代表值有_____、_____、_____和_____。
4. 普通房屋和构筑物的设计使用年限为_____年。
5. 板中主要配置两种钢筋：_____钢筋和_____钢筋。
6. 钢筋接头形式有_____、_____和_____。
7. 砌体材料主要包括_____和_____两种。
8. 楼梯按照结构的受力状态的不同可分为_____、_____、_____和_____四种类型。

二、单选题（10 题，每题 2 分，共 20 分）

1. 适筋梁最主要的破坏特征是（　　）。
   A. 受拉钢筋不屈服，受压区混凝土被压碎
   B. 受拉钢筋先屈服，然后受压区混凝土被压碎
   C. 受拉钢筋屈服的同时，受压区混凝土被压碎
   D. 压区混凝土先压碎，然后受拉钢筋屈服

2. 在现浇混凝土框架结构中，其单向板肋形楼盖的荷载传递路径正确的是（　　）。
   A. 板→主梁→次梁→柱→基础　　　　B. 板→次梁→主梁→柱→基础
   C. 次梁→主梁→板→柱→基础　　　　D. 板→主梁→柱→次梁→基础

3. （　　）结构体系具有横墙多、侧向刚度大、整体性好，但建筑平面布置受限等特点。
   A. 框架　　　　　　　　　　　　　　B. 剪力墙
   C. 框架-剪力墙　　　　　　　　　　 D. 筒体

4. 纵向受拉钢筋在任何情况下锚固长度不得小于（　　）。
   A. 300mm　　　　　　　　　　　　　B. 200mm
   C. 15d　　　　　　　　　　　　　　D. 无要求

5. 先张法预压应力是依靠（　　）建立的。
A. 预应力筋与混凝土间的粘结力　　B. 锚具
C. 混凝土强度　　D. 梁的刚度

6. 梁的混凝土保护层厚度是指（　　）。
A. 纵筋外表面到梁表面的距离　　B. 纵筋重心到梁表面的距离
C. 箍筋重心到梁表面的距离　　D. 箍筋外边缘到梁近侧混凝土表面的距离

7. 混凝土强度等级是根据指标（　　）大小划分的。
A. $f_{cu,k}$　　B. f_c
C. f_t　　D. f_{ck}

8. 块体和砂浆的强度等级是按（　　）划分的。
A. 抗压强度　　B. 抗拉强度
C. 抗剪强度　　D. 抗扭强度

9. 下列何项论述是不正确的？（　　）
A. 墙、柱的高厚比系指墙、柱的计算高度 H_0 与墙厚或矩形截面柱对应边长的比值
B. 墙、柱的允许高厚比值与墙、柱的承载力计算有关
C. 墙、柱的高厚比验算是砌体结构设计的重要组成部分
D. 高厚比验算是保证砌体结构构件稳定性的重要构造措施之一

10. 有关无筋砌体的抗压强度，下列说法正确的是（　　）。
A. 砌体的抗压强度一般低于单个块材的抗压强度
B. 单个块材的抗压强度一般低于砌体的抗压强度
C. 二者的抗压强度一致
D. 不确定

三、判断题（10题，每题1分，共10分）

1. 双向板沿两个方向都要配置受力钢筋。（　　）
2. 梁式楼梯的荷载传递路径为：荷载→斜板→平台梁→楼梯间侧墙或柱。（　　）
3. 梁的斜截面受剪承载力通过构造措施来保证。（　　）
4. 减小裂缝宽度最有效的措施是增大梁的有效高度。（　　）
5. 验算受弯构件的变形和裂缝是为了满足承载力的要求。（　　）
6. 中性轴通过翼缘的为第二类 T 形截面。（　　）
7. 梁的平法施工图中，原位标注优先于集中标注。（　　）
8. 螺栓箍筋柱核心处的混凝土处于三向受压状态。（　　）
9. 小偏心受压破坏，远力侧钢筋达到屈服强度。（　　）
10. 一次地震，有且只有一个地震烈度。（　　）

四、简答题（5题，每题6分，共30分）

1. 受弯构件适筋梁从开始加荷至破坏每个阶段是验算什么的依据？

2. 请简述预应力混凝土结构的优缺点。

3. 预应力混凝土结构预应力的施加方法有哪两种？每种方法的施工工序是什么？

4. 钢筋混凝土受弯构件正截面破坏有哪几种形态？基本公式的适用条件是什么？

5. 影响砌体抗压强度的因素有哪些？

五、计算题（2题，每题10分，共20分）

1. 钢筋混凝土矩形梁的某截面承受弯矩设计值 $M=150\text{kN}\cdot\text{m}$，$b\times h=200\text{mm}\times 600\text{mm}$，采用C30级混凝土（$f_c=14.3\text{N/mm}^2$，$f_t=1.43\text{N/mm}^2$）、HRB400钢筋（$f_y=f_y'=360\text{N/mm}^2$），一类环境。试求该截面所需纵向受力钢筋的数量。（$c=25\text{mm}$，$\xi_b=0.518$，$a_s=40\text{mm}$）

2. 矩形截面轴心受压构件，截面尺寸为 450mm×500mm，计算长度 6.5m，混凝土强度等级 C35，已配 8⌀18（A_s＝2036mm²）纵向受力钢筋。试计算截面承载力。

参考答案
综合试题（四）

综合试题（五）

一、填空题（20个空，每个空1分，共20分）

1. 结构的三类极限状态分别为：_____、_____和_____。
2. 永久荷载采用_____为代表值。
3. 梁里面通常配置_____、_____、_____、_____和_____钢筋。
4. 钢筋混凝土偏心受压构件分类：当 $\xi \leqslant \xi_b$ 时属于_____，当 $\xi > \xi_b$ 时属于_____。
5. 混合结构房屋根据空间作用大小不同，可分为_____、_____和_____三种静力计算方案。
6. 次梁伸入墙内的支撑长度一般不应小于_____mm。
7. 圈梁高度不应小于_____mm，纵向钢筋不应少于_____。
8. 钢筋混凝土结构主要利用混凝土承受_____，钢筋承受_____，二者共同工作，以满足工程结构的使用要求。
9. 轴压构件腹板局部稳定的保证条件是_____。

二、单选题（10题，每题2分，共20分）

1. 受弯构件正截面承载力计算是以（　　）形态为计算依据的。
   A. 少筋破坏　　　　　　　　　B. 超筋破坏
   C. 适筋破坏　　　　　　　　　D. 界限破坏
2. 当柱子长细比≤（　　）时为短柱。
   A. 3　　　　　　　　　　　　B. 4
   C. 7　　　　　　　　　　　　D. 8
3. 单筋矩形截面梁有效高度是从（　　）。
   A. 受力钢筋内表面至截面受压区边缘　　B. 受力钢筋合力点至截面受压区边缘
   C. 受力钢筋内表面至截面受拉区边缘　　D. 受力钢筋合力点至截面受拉区边缘
4. 如果混凝土的强度等级为C45，则以下说法正确的是（　　）。
   A. 抗压强度设计值 $f_c = 45$ MPa　　　B. 抗压强度标准值 $f_{ck} = 45$ MPa
   C. 立方体抗压强度标准值 $f_{cu,k} = 45$ MPa　　D. 抗拉强度标准值 $f_{tk} = 45$ MPa

5. 按《混凝土标准》规定，对于四边均有支承的板，当（　　）按单向板设计。

A. $\dfrac{l_2}{l_1} \leqslant 1$　　　　　　　　　B. $\dfrac{l_2}{l_1} \leqslant 2$

C. $2 < \dfrac{l_2}{l_1} \leqslant 3$　　　　　　　D. $\dfrac{l_2}{l_1} > 3$

6. 根据《高层混凝土规程》规定，10层及以上或高度大于（　　）的住宅建筑称为高层建筑。

A. 20m　　　　　　　　　　　　B. 24m
C. 28m　　　　　　　　　　　　D. 30m

7. 先张法预压应力是依靠（　　）建立的。

A. 预应力筋与混凝土间的粘结力　　B. 锚具
C. 混凝土强度　　　　　　　　　　D. 梁的刚度

8. 验算组合梁刚度时，荷载通常取（　　）。

A. 标准值　　　　　　　　　　　B. 设计值
C. 组合值　　　　　　　　　　　D. 最大值

9. 砌体的内拱卸载作用，对砌体的局部受压（　　）。

A. 有利　　　　　　　　　　　　B. 不利
C. 没有影响　　　　　　　　　　D. 不确定

10. 在地震区的多层砌体房屋中设置构造柱，并与圈梁连接共同工作，最主要的作用是（　　）。

A. 提高墙体的竖向抗压承载力　　　B. 提高房屋的水平受剪承载力
C. 提高房屋整体抗弯承载力　　　　D. 增加房屋延性，防止房屋突然倒塌

三、判断题（10题，每题1分，共10分）

1. 板中受力钢筋放置在分布钢筋外侧。（　　）
2. 当梁腹板高度 $h_w \geqslant 400$mm 时需要配置侧面构造纵筋。（　　）
3. 限制最小截面尺寸可以防止发生斜拉破坏。（　　）
4. 受压构件的纵筋宜粗不宜细。（　　）
5. 力的三要素为大小、方向、作用线。（　　）
6. 普通钢筋混凝土构件通常是带裂缝工作的。（　　）
7. 普通钢筋混凝土构件不能使用高强材料。（　　）
8. 钢筋强度标准值小于设计值。（　　）
9. 架立筋的直径与梁的跨度有关。（　　）
10. 架立筋可以承受因温度变化和混凝土收缩引起的拉应力。（　　）

四、简答题（5题，每题6分，共30分）

1. 请简述普通钢筋混凝土结构的优缺点。

2. 什么叫作预应力混凝土结构？为什么要对构件施加预应力？

3. 钢筋混凝土受弯构件斜截面破坏有哪几种形态？基本公式的适用条件是什么？

4. 建筑结构应满足哪些功能要求？最重要的一项是什么？

5. 钢筋混凝土能够共同工作的原因有哪些？

五、计算题（2题，每题10分，共20分）

1. 某一承受轴心压力砖柱，截面尺寸为490mm×490mm，采用MU10烧结普通砖、M2.5混合砂浆砌筑，柱的计算高度4.5m，在柱顶产生的轴心力设计值为180kN，试验算柱承载力。

2. 某均布荷载作用下的矩形截面梁，$b \times h = 250\text{mm} \times 500\text{mm}$，混凝土强度等级 C25（$f_c = 11.9\text{N/mm}^2$，$f_t = 1.27\text{N/mm}^2$），箍筋用 HPB300 级钢筋，$f_{yv} = 270\text{N/mm}^2$，直径为 8mm 双肢箍（$A_{sv} = 100.6\text{mm}^2$），间距为 100mm，若支座边缘处最大剪力设计值（包括自重）$V = 160\text{kN}$，验算此梁受剪承载力（包括最小截面尺寸及最小配筋率）。（$a_s = a_s' = 40\text{mm}$，最小配箍率 $= 0.24 f_t / f_{yv}$）

参考答案

综合试题（五）

综合试题（六）

一、填空题（10题，每题2分，共20分）

1. 一般来说，某地点的地震烈度随震中距的增大而_____。
2. 《抗震标准》规定，根据建筑使用功能的重要性及设计工作寿命期的不同分为_____、_____、_____、_____四个抗震设防类别。
3. 《抗震标准》规定，建筑场地类别根据_____和_____两个指标划分为四类。
4. 《抗震标准》规定，根据房屋的_____、_____和_____，分别采用不同的抗震等级，并应符合相应的计算、构造措施要求。
5. 为了保证结构具有较大延性，我国规范通过采用_____、_____、_____、_____的原则进行设计计算。
6. 《混凝土标准》规定：预应力混凝土结构的混凝土强度等级不宜低于_____，且不应低于_____。
7. 我国《抗震标准》提出的"三水准"抗震设防目标是_____、_____、_____。
8. 框架结构中梁、柱节点是_____连接。
9. 单层厂房结构中，_____的作用是将墙体和柱、抗风柱等箍在一起，增加厂房的整体刚性，防止由于地基发生过大的不均匀沉降或较大振动荷载引起的不利影响。
10. 钢结构中的连接方法有_____、_____和_____。

二、单选题（10题，每题2分，共20分）

1. （　　）可分为摩擦型和承压型两种。
   A. 焊接　　　　　　　　　　B. 钢钉连接
   C. 普通螺栓连接　　　　　　D. 高强度螺栓连接
2. 地震烈度主要根据（　　）来评定。
   A. 地震震源释放出的能量的大小
   B. 地震时地面运动速度和加速度的大小
   C. 地震时大多数房屋的震害程度、人的感觉以及其他现象
   D. 震级大小、震源深度、震中距、该地区的土质条件和地形地貌

3. 某一场地土的覆盖层厚度为80m，场地的等效剪切波速为200m/s，则该场地的场地类别为（　　）。
   A. Ⅰ类 　　　　　　　　　　　　B. Ⅱ类
   C. Ⅲ类 　　　　　　　　　　　　D. Ⅳ类

4. 描述地震动特性的要素有三个，下列不属于地震动三要素的是（　　）。
   A. 加速度峰值 　　　　　　　　　B. 地震动所包含的主要周期
   C. 地震持续时间 　　　　　　　　D. 地震烈度

5. 大量震害表明，多层房屋顶部突出屋面的电梯间、水箱等，它们的震害比下面主体结构严重。在地震工程中，把这种效应称为（　　）。
   A. 扭转效应 　　　　　　　　　　B. 鞭梢效应
   C. 共振 　　　　　　　　　　　　D. 主体结构破坏

6. 《混凝土标准》规定：框架-抗震墙房屋的防震缝宽度是框架结构房屋的（　　）。
   A. 80%，且不宜小于70mm 　　　B. 70%，且不宜小于70mm
   C. 60%，且不宜小于80mm 　　　D. 90%，且不宜小于80mm

7. 结构的功能要求不包括（　　）。
   A. 安全性 　　　　　　　　　　　B. 性价比
   C. 耐久性 　　　　　　　　　　　D. 适用性

8. 对于无腹筋梁，当1＜λ＜3时，常发生（　　）。
   A. 斜压破坏 　　　　　　　　　　B. 斜拉破坏
   C. 剪压破坏 　　　　　　　　　　D. 弯曲破坏

9. 下列哪一种状态达到承载能力极限状态？（　　）
   A. 轴心受压柱被压碎 　　　　　　B. 影响外观的变形
   C. 令人不适的振动 　　　　　　　D. 影响耐久性能的局部损坏

10. 素混凝土构件在纯扭作用下开展裂缝与纵轴线的夹角为（　　）。
    A. 20° 　　　　　　　　　　　　B. 30°
    C. 45° 　　　　　　　　　　　　D. 60°

三、判断题（10题，每题1分，共10分）

1. 钢筋混凝土保护层的厚度是指纵向受力钢筋合力点到混凝土边缘的距离。（　　）
2. 计算矩形截面偏心受压柱正截面受压承载力时，应采用混凝土的立方体抗压强度。（　　）
3. 试验结果表明，混凝土的水灰比越大，水泥用量越多，则混凝土的徐变与收缩值越大。（　　）
4. 轴心受拉构件及小偏心受拉构件宜优先采用焊接接头，无条件焊接时，也可采用绑扎接头。（　　）
5. 楼板的作用，一方面是将楼板上的荷载传递到梁上，另一方面是将水平荷载传递到框架或剪力墙上。（　　）
6. 少筋梁的正截面极限承载力取决于钢筋的抗拉强度及其配筋率。（　　）
7. 在计算钢筋混凝土构件挠度时，《混凝土标准》建议，可取同号弯矩区段内的弯矩

最大截面的刚度进行计算。（　　）

8. 单向板肋梁楼盖传力途径为：竖向荷载→板→次梁→主梁→柱或墙→基础。（　　）

9. 多层砌体房屋按刚性方案进行静力分析时，在竖向荷载作用下墙、柱的计算中其支座按两端为固定支座考虑。（　　）

10. 钢筋混凝土楼盖中主梁是主要承重构件，应按弹性理论计算。（　　）

四、简答题（5题，每题6分，共30分）

1. 预应力混凝土结构的主要特点（优点和缺点）是什么？

2. 钢筋与混凝土共同工作的原因是什么？

3. 地震的震级和烈度分别是指什么？

4. 单筋矩形截面梁沿正截面的三种破坏形式在发生时，"受压区混凝土"和"受拉区钢筋"的情况如何，判断其破坏性质，填写下表。

单筋矩形截面梁沿正截面的三种破坏形式　　　　　表1

	适筋破坏	超筋破坏	少筋破坏
受压区混凝土			
受拉区钢筋			
延性/脆性破坏			

5. 请分别阐述梁式楼梯和板式楼梯的构件组成、传力途径以及特点。

五、计算题（2题，每题10分，共20分）

1. 对位于非地震区的某大楼横梁进行内力分析。已求得在永久荷载标准值、楼面活荷载标准值、风荷载标准值的分别作用下，该梁梁端弯矩标准值分别为：$M_{Gk}=10$kN·m，$M_{Q1k}=12$kN·m，$M_{Q2k}=4$kN·m。楼面活荷载的组合值系数为 0.7，风荷载的组合值系数为 0.6。求该横梁按承载能力极限状态基本组合时的梁端弯矩设计值 M。

2. 某教学楼钢筋混凝土单筋矩形截面简支梁，安全等级为二级，设计使用年限 50 年，截面尺寸 $b \times h = 300$mm$\times 600$mm，承受恒荷载标准值 12kN/m（不包括梁的自重），活荷载标准值 14kN/m，计算跨度 $l_0 = 7$m，采用 C25 级混凝土，HRB400 钢筋。试确定纵向受拉钢筋的面积 A_s。（$f_c = 11.9$N/mm^2，$f_t = 1.27$kN/mm^2，$f_y = 360$N/mm^2，$\xi_b = 0.518$，$\alpha_1 = 1.0$，25kN/m^3，$a_s = 45$mm）

参考答案

综合试题（六）

综合试题（七）

一、填空题（10题，每题2分，共20分）

1. 《抗震标准》规定，抗震设防烈度为_____度及以上地区的建筑，必须进行抗震设计。
2. 当梁的腹板高度 $h_w \geq$ _____mm 时，应在梁的两个侧面沿高度配置纵向构造钢筋。
3. 钢筋混凝土中的钢筋连接方式有_____、_____和_____三种。
4. 混凝土结构包括有_____、_____和_____。
5. 斜截面受剪承载能力通过_____来保证，而斜截面受弯承载力则通过_____来保证。
6. 根据箍筋数量和剪跨比的不同，受弯构件斜截面受剪破坏主要有_____、_____和_____三种形态。
7. 钢结构中，避免梁发生局部失稳的措施为_____和_____。
8. 根据预制构件划分的不同，装配式楼梯可分为_____和_____。
9. 梁式楼梯由_____、_____、_____和_____四部分组成。
10. 钢筋混凝土受扭构件，在纯扭矩作用下发生破坏，首先从长边形成_____的斜裂缝。

二、单选题（10题，每题2分，共20分）

1. 梁斜截面破坏有多种形态，均属脆性破坏，相比较之下脆性最严重的是（　　）。
 A. 斜压破坏　　　　　　　　　　B. 剪压破坏
 C. 斜拉破坏　　　　　　　　　　D. 斜弯破坏
2. 螺旋箍筋柱较普通箍筋柱承载力提高的原因是（　　）。
 A. 螺旋筋使纵筋难以被压屈　　　B. 螺旋筋的存在增加了总的配筋率
 C. 螺旋筋约束了混凝土的横向变形　D. 螺旋筋的弹簧作用
3. 大偏心受压构件的破坏特征是（　　）。
 A. 靠近纵向力作用一侧的钢筋和混凝土应力不定，而另一侧受拉钢筋拉屈
 B. 远离纵向力作用一侧的钢筋首先被拉屈，随后另一侧钢筋压屈，混凝土亦被压碎
 C. 远离纵向力作用一侧的钢筋应力不定，而另一侧钢筋压屈，混凝土亦压碎

D. 靠近纵向力作用一侧的钢筋拉屈，随后另一侧钢筋压屈，混凝土亦压碎

4. 下列关于多层与高层房屋结构荷载的说法，错误的是（　　）。

A. 主要包括竖向荷载和水平荷载

B. 对结构影响较大的是竖向荷载和水平荷载

C. 水平荷载不随房屋高度的增加而变化

D. 对于超高层房屋，水平荷载有可能对结构设计起绝对控制作用

5. （　　）在水平荷载下表现出抗侧刚度小、水平位移大的特点，故属于柔性结构，此类房屋一般不超过15层。

A. 框架结构　　　　　　　　　　B. 剪力墙结构

C. 砌体结构　　　　　　　　　　D. 筒体结构

6. （　　）是指梁柱楼板均为预制，然后通过焊接拼装连接成整体的框架结构。

A. 全现浇式框架　　　　　　　　B. 半现浇式框架

C. 装配式框架　　　　　　　　　D. 装配整体式框架

7. 下列不属于纵向构造筋的构造作用的是（　　）。

A. 防止混凝土收缩裂缝　　　　　B. 固定箍筋位置

C. 抵抗偶然因素产生的拉力　　　D. 防止混凝土因局部压力产生的崩落

8. 某单层房屋，其砖柱截面为490mm×370mm，计算高度为4.5m，采用M5混合砂浆砌筑，该柱的高厚比为（　　）。

A. 12.16　　　　　　　　　　　B. 9.18

C. 13.51　　　　　　　　　　　D. 10.20

9. 发生下列哪一种状态，即可认为达到结构的正常使用极限状态？（　　）

A. 楼面变形过大，粉刷层脱落　　B. 结构或结构构件丧失稳定

C. 地基丧失承载能力而破坏　　　D. 梁作为刚体失去平衡

10. 普通钢筋混凝土梁（　　）。

A. 不出现压应力　　　　　　　　B. 没有裂缝

C. 是带裂缝工作的　　　　　　　D. 不允许混凝土出现拉应变

三、判断题（10题，每题1分，共10分）

1. 一次地震的震级通常用基本烈度表示。（　　）

2. 灌注桩即使配有纵向钢筋也不能承担弯矩。（　　）

3. 配置钢筋能限制收缩裂缝宽度，但不能使收缩裂缝不出现。（　　）

4. 设变形缝，可防止混凝土收缩。（　　）

5. 为了保证受弯构件的斜截面受剪承载力，计算时对梁的截面尺寸加以限制的原因在于防止斜压破坏的发生。（　　）

6. 大偏心和小偏心受压破坏的本质区别在于受拉区的钢筋是否屈服。（　　）

7. 多层与高层房屋的水平荷载不随房屋高度的增加而变化。（　　）

8. 摩擦型高强度螺栓主要用于直接承受动力荷载的结构、构件的连接。（　　）

9. 烈度的大小是地震释放能量多少的尺度，一次地震只有一个烈度。（　　）

10. 场地土覆盖层厚度越大，场地性质越好。（　　）

四、简答题（5题，每题6分，共30分）

1. 结构可靠性的定义是，结构在规定时间内，在规定条件下，完成预定功能的能力。那么这里的"规定时间""规定条件"和"预定功能"分别指什么？

2. 钢筋与混凝土共同工作的原因是什么？

3. 单筋矩形截面梁正截面破坏有哪几种形态？每种破坏形态的破坏特征是什么？

4. 避免发生超筋破坏的措施有哪些？

5. 钢筋混凝土框架结构的承重框架布置方案有哪几种？每种方案的特点是什么？

五、计算题（2题，每题10分，共20分）

1. 某办公楼钢筋混凝土矩形截面简支梁，安全等级为二级，设计使用年限50年，截面尺寸为 $b \times h = 300\text{mm} \times 600\text{mm}$，计算跨度 $l_0 = 6\text{m}$。承受均布线荷载：活荷载标准值 8kN/m，恒荷载标准值12kN/m（不包括自重），钢筋混凝土的重度标准值为 25kN/m^3。求跨中最大弯矩设计值。

2. 某钢筋混凝土矩形截面梁，截面尺寸 $b \times h = 300\text{mm} \times 600\text{mm}$，混凝土强度等级C25，纵向受拉钢筋 3⌀18，混凝土保护层厚度25mm，该梁承受最大弯矩设计值 $M = 120\text{kN} \cdot \text{m}$。试复核该梁是否安全。（$f_c = 11.9\text{N/mm}^2$，$f_t = 1.27\text{N/mm}^2$，$f_y = 360\text{N/mm}^2$，$\alpha_1 = 1.0$，$\xi_b = 0.518$，$a_s = 45\text{mm}$，$A_s = 763\text{mm}^2$）

参考答案

综合试题（七）

综合试题（八）

一、填空题（10题，每题 2 分，共 20 分）

1. 钢筋混凝土受弯构件正截面的破坏形式有三种，即_____、_____和_____。
2. 根据时间的变异性，结构上的荷载分为_____、_____和_____。
3. 多层与高层房屋常用的结构体系有_____、_____、_____和_____。
4. 《荷载规范》给出了四种代表值，即_____、_____、_____和_____。
5. 钢筋混凝土受压构件（柱）按纵向力与构件截面形心相互位置的不同，可分为_____和_____。
6. 结构的极限状态有三类，即_____、_____和耐久性极限状态。
7. 钢筋混凝土偏心受压构件，当 $\xi \leqslant \xi_b$ 时，为_____受压，当 $\xi > \xi_b$ 时，为_____受压。
8. 建筑结构应具备的三项功能要求有_____、_____和_____。
9. 建筑结构按其所用材料的不同，可分为_____、_____、_____和_____。
10. 钢筋混凝土受弯构件斜截面破坏形式有_____、_____和_____。

二、单选题（10题，每题 2 分，共 20 分）

1. 一类环境中，采用 C40 混凝土，则钢筋混凝土梁的保护层厚度最小取（　　）。
   A. 15mm 　　　　　　　　　　B. 20mm
   C. 25mm 　　　　　　　　　　D. 30mm
2. 受弯构件斜截面承载力计算公式是以（　　）为依据的。
   A. 斜拉破坏 　　　　　　　　B. 剪压破坏
   C. 斜压破坏 　　　　　　　　D. 斜弯破坏
3. 截面尺寸和材料强度一定时，钢筋混凝土受弯构件正截面承载力与受拉区纵筋配筋率的关系是（　　）。
   A. 当配筋率在某一范围内时，配筋率越大，正截面承载力越大

B. 配筋率越大，正截面承载力越小
C. 配筋率越大，正截面承载力越大
D. 没有关系

4. （　　）是塑性破坏，在工程设计中通过计算来防止其发生。
   A. 小偏压破坏　　　　　　　　　　B. 剪压破坏
   C. 斜拉破坏　　　　　　　　　　　D. 适筋破坏

5. 轴心受压构件的稳定系数主要与（　　）有关。
   A. 长细比　　　　　　　　　　　　B. 配筋率
   C. 混凝土强度　　　　　　　　　　D. 荷载

6. 框架结构与剪力墙结构相比（　　）。
   A. 框架结构延性好但抗侧力刚度差　　B. 框架结构延性差但抗侧力刚度好
   C. 框架结构延性和抗侧力刚度都好　　D. 框架结构延性和抗侧力刚度都差

7. 第一类 T 形截面受弯构件的受压区形状是（　　）。
   A. 翼缘高度内矩形　　　　　　　　B. 翼缘高度外矩形
   C. 翼缘高度内 T 形　　　　　　　　D. 翼缘高度外 T 形

8. 构件受弯过程中，钢筋先发生屈服，混凝土才被压碎破坏，该梁属于（　　）。
   A. 适筋梁　　　　　　　　　　　　B. 少筋梁
   C. 超筋梁　　　　　　　　　　　　D. 无筋梁

9. 关于轴心受压构件中纵向钢筋的作用，说法错误的是（　　）。
   A. 与混凝土共同承受压力
   B. 提高构件的变形能力，但不能改善受压破坏时的脆性
   C. 减小混凝土的徐变变形
   D. 承受可能产生的偏心距

10. 按照我国《高层混凝土规程》对高层建筑的定义，下列哪个建筑为高层建筑？（　　）
    A. 6 层医院（层高为 4.5m）　　　B. 9 层住宅（层高为 3.0m）
    C. 6 层办公楼（层高为 4.0m）　　D. 7 层实验楼（层高为 3.3m）

三、判断题（10题，每题1分，共10分）

1. 提高砖的抗剪、抗弯强度可明显提高砌体的抗压强度。（　　）
2. 无筋砌体受压构件承载力计算公式中 φ 是指高厚比对受压构件承载力的影响系数。（　　）
3. 砌体结构必须满足正常使用极限状态的功能要求，这一要求一般可由相应的构造措施来保证。（　　）
4. 对于承压型高强度螺栓连接，外力仅依靠杆和螺孔之间的抗剪和承压来传力。（　　）
5. 震级是指某一地区的地面及建筑物遭受到一次地震影响的强弱程度。（　　）
6. 工字形截面梁的弯矩主要由翼缘承受，剪力主要由腹板承受。（　　）
7. 两相邻侧边支承的板称为双向板。（　　）
8. 摩擦型高强度螺栓承受的剪力等于摩擦力时，即为设计极限荷载。（　　）
9. 砌体房屋中，根据墙体的承载力确定墙体高厚比。（　　）

10. 确定混凝土强度等级的依据是混凝土的立方体抗压强度，其标准试件的尺寸是 150mm×150mm×150mm。（　　）

四、简答题（5题，每题6分，共30分）

1. 钢筋混凝土结构的优点和缺点分别有哪些？

2. 承载能力极限状态和正常使用极限状态的定义分别是什么？

3. 钢筋与混凝土共同工作的原因是什么？

4. 高强度螺栓连接的受力机理是什么？与普通螺栓连接有何区别？

5. 钢结构中，保持钢梁整体稳定和局部稳定的措施有哪些？

五、计算题（2题，每题10分，共20分）

1. 某办公楼钢筋混凝土矩形截面简支梁，安全等级为二级，设计使用年限50年，截面尺寸为 $b \times h = 300\text{mm} \times 600\text{mm}$，计算跨度 $l_0 = 6\text{m}$。承受均布线荷载：活荷载标准值 8kN/m，恒荷载标准值 12kN/m（不包括自重），钢筋混凝土的重度标准值为 25kN/m^3。求跨中最大弯矩设计值。

2. 某钢筋混凝土单筋矩形截面简支梁，跨中弯矩设计值 $M = 100\text{kN·m}$，梁的截面尺寸 $b \times h = 300\text{mm} \times 600\text{mm}$，采用C25级混凝土，HRB400钢筋。试确定跨中截面纵向受拉钢筋面积 A_s。（$f_c = 11.9\text{N/mm}^2$，$f_t = 1.27\text{N/mm}^2$，$f_y = 360\text{N/mm}^2$，$\alpha_1 = 1.0$，$\xi_b = 0.518$，$a_s = 45\text{mm}$）

参考答案
综合试题（八）

综合试题（九）

一、填空题（30个空，每个空1分，共30分）

1. 结构极限状态分为_____、_____和_____。
2. 《抗震设防分类标准》将建筑物按重要程度分为_____、_____、_____、和_____。
3. 梁正截面破坏形式与_____、_____有关。
4. 框架梁的截面高度 h 可取_____。
5. 装配整体式框架结构中，框架柱的纵向钢筋连接宜采用_____连接。
6. 构造柱的最小截面可采用_____，与墙体连接处应砌成_____。
7. 碳素结构钢的牌号由_____、_____、_____、_____组成。
8. 普通槽钢用_____符号表示，普通工字钢用_____符号表示。
9. 热轧 H 型钢符号 HM 表示_____。
10. 钢结构的连接方法有_____、_____、_____三种。
11. 《钢结构标准》规定角焊缝的最小计算长度应大于_____，且不小于_____。
12. 高强度螺栓连接受剪力时，按其传力方式可分为_____和_____两种。
13. 轴心受力构件的刚度以其_____来衡量。
14. 门式刚架结构纵向温度区段长度不大于_____，横向温度区段长度不大于_____。

二、单选题（10题，每题2分，共20分）

1. 下列不属于承载能力极限状态的是（　　）。
   A. 强度破坏　　　　　　　　B. 疲劳破坏
   C. 梁产生过大挠度　　　　　D. 结构倾覆
2. 下列不属于环境类别一类的是（　　）。
   A. 无侵蚀性静水浸没环境　　B. 室内潮湿环境
   C. 不与土壤直接接触的环境　D. 无高温高湿影响
3. 梁类受弯构件挠度过大时最有效的方法是（　　）。

A. 增加梁截面有效高度　　　　　　B. 提高混凝土强度等级
C. 选用合理的截面形状　　　　　　D. 增加纵向钢筋的数量

4. 预应力混凝土构件的特点不包括（　　）。
A. 抗裂性能较好　　　　　　　　　B. 提高构件承载能力
C. 构件耐久性较好　　　　　　　　D. 减小构件截面尺寸

5. 下列哪一项不符合框架结构单独柱基宜沿两个主轴方向设置基础系梁的要求？（　　）
A. 三、四级抗震等级的框架
B. 各柱基承受的重力荷载代表值差别较大
C. 地基主要受力层范围内存在软弱黏土层、液化土层和严重不均匀土层
D. 桩基承台之间

6. 影响墙、柱允许高厚比的主要因素不包括（　　）。
A. 砂浆强度　　　　　　　　　　　B. 砌体种类
C. 支承约束条件　　　　　　　　　D. 墙体厚度

7. 为减少或消除焊接应力与焊接变形的不利影响，应从设计方面采取的相应措施不包括（　　）。
A. 采用细长焊缝　　　　　　　　　B. 尽量避免三向焊缝相交
C. 焊缝宜集中设置　　　　　　　　D. 对接焊缝的拼接处，应做成平缓过渡

8. 避免钢结构受弯构件梁的局部失稳的措施不包括（　　）。
A. 限制翼缘板宽厚比　　　　　　　B. 提高钢材强度
C. 设置加劲肋　　　　　　　　　　D. 腹板高厚比

9. 门式刚架结构的支持系统不包括（　　）。
A. 水平支撑　　　　　　　　　　　B. 刚性系杆
C. 隅撑　　　　　　　　　　　　　D. 柱间支撑

10. 钢结构焊缝等级中需进行探伤比例 20% 检测的是（　　）。
A. 一级　　　　　　　　　　　　　B. 二级
C. 三级　　　　　　　　　　　　　D. 四级

三、判断题（10题，每题1分，共10分）

1. 风荷载、雪荷载属于偶然荷载。（　　）
2. 重点设防类建筑应按高于本地区抗震设防烈度一度的要求加强其抗震措施。（　　）
3. 在确定梁是否需要配置纵向构造钢筋时，T形截面的高度取为有效高度减去翼缘高度。（　　）
4. 实际结构中为了保证梁不发生破坏，应采用超筋梁。（　　）
5. 实际工程中常用的叠合板由预制板和后浇混凝土叠合层构成。（　　）
6. 框架结构的抗震等级与设防烈度和房屋高度有关。（　　）
7. 剪力墙墙身的钢筋时水平钢筋在内侧，竖向钢筋在外侧。（　　）
8. 工作温度不高于 0℃ 但高于 -20℃ 时，Q235、Q345 钢不应低于 C 级。（　　）
9. 钢结构焊接残余应力影响构件强度。（　　）
10. 承压型高强度螺栓是靠被连接板件间的摩擦力和螺栓杆共同传递剪力，以螺栓受

剪或钢板承压破坏为承载能力极限状态。（　　）

四、简答题（3题，共20分）

1. 《抗震标准》提出的"三水准"的抗震设防目标是什么？（7分）

2. 简述高强度螺栓连接的受力性能。（6分）

3. 砌体结构中，为了防止由于不均匀沉降引起的墙体裂缝可采取哪些措施？（7分）

五、计算题（2题，每题10分，共20分）

1. 某两段嵌固的钢筋混凝土梁，承受均布荷载，截面及配筋如图所示。$A_s = A_s' = 1140\text{mm}^2$，$f_y = f_y' = 360\text{N/mm}^2$，混凝土强度等级 C30，$f_c = 14.3\text{N/mm}^2$，钢筋保护层厚度25mm，钢筋锚固及斜截面承载力均安全可靠。

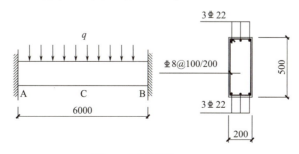

题1　（尺寸单位：mm）

（1）求出现第一个塑性铰时的荷载 q 及塑性铰位置；

（2）求此梁的极限荷载 q；

（3）验算调幅是否超过 30%。

2. 截面为 490mm×370mm 的砖柱，采用 MU10 砖和 M2.5 混合砂浆砌筑，柱计算高度为 4.5m，柱顶作用设计轴心压力 180kN。已知砖砌体重度为 19kN/m³，$f = 1.30$N/mm²。试验算柱底截面的受压承载力。

参考答案

综合试题（九）

综合试题（十）

一、填空题（30个空，每个空1分，共30分）

1. 一般住宅安全等级为_____，结构重要性系数 γ_0 为_____。
2. 牌号为 HRB400 的钢筋符号表示为_____。
3. 钢筋混凝土受弯构件的两种破坏形式为_____、_____。
4. 偏心受压构件的受拉破坏和受压破坏用_____作为界限。
5. 预应力构件施加预应力的方法分为_____、_____。
6. 现浇钢筋混凝土单向板板厚 $h \geq$ _____，双向板板厚 $h \geq$ _____。
7. 当建筑平面过长、高度或刚度相差过大以及各结构单元的地基条件有较大差异时，钢筋混凝土框架结构应考虑设置_____。
8. 为满足高层钢筋混凝土结构整体稳定的要求，应控制结构的_____。
9. 剪力墙边缘构件分为_____和_____。
10. 墙、柱的_____验算是保证砌体房屋施工阶段和使用阶段稳定性与刚度的一项重要构造措施。
11. 多层砌体房屋的有效抗震措施包括设置_____和_____。
12. 热轧型钢 L 100×10 表示_____。
13. 热轧 H 型钢 HW340×250×9×14 表示_____。
14. 钢材强度标准值的取值是采用钢材的应力_____。
15. Q235 钢焊接采用_____焊条，Q345 钢焊接采用_____焊条，Q235 钢与 Q345 钢焊接采用_____焊条。
16. 钢结构采用的普通螺栓代号为_____。
17. 格构式构件的缀材分为_____和_____两种。
18. 受弯构件根据其_____和_____的不同分为 S1、S2、S3、S4、S5 五个等级。
19. 为防止门式刚架结构实腹式刚架斜梁下翼缘受压失稳，必须在受压翼缘的两侧布置_____作为斜梁的侧向支承。
20. 钢结构实腹式轴心受压构件保证局部稳定的措施是限制板件的_____。

二、选择题（10题，每题2分，共20分）

1. 下列不属于重点设防类建筑的是（　　）。

A. 学生宿舍 B. 普通住宅
C. 幼儿园 D. 小学教学用房

2. 下列钢筋混凝土梁的破坏属于延性破坏的是（　　）。
A. 斜拉破坏 B. 剪压破坏
C. 超筋破坏 D. 适筋破坏

3. 影响受弯构件裂缝宽度的主要因素不包括（　　）。
A. 纵筋的强度 B. 保护层厚度
C. 纵筋配筋率 D. 纵筋的直径

4. 下列不符合抗震设防区框架房屋要求的是（　　）。
A. 房屋纵、横两个方向的抗侧刚度宜接近
B. 相邻层的质量、刚度和承载力无突变
C. 楼盖可在局部开大洞
D. 主要的抗侧力结构和质量在平面内分布基本对称均匀

5. 以下不属于影响砌体抗压强度的因素的是（　　）。
A. 砌体材料强度 B. 砌筑质量
C. 砂浆的性能 D. 构件类型

6. 下列不能衡量钢材的塑性能力的是（　　）。
A. 伸长率 B. 冷弯试验
C. 冲击韧性 D. 强度

7. 为减少或消除焊接应力与焊接变形的不利影响，应从制作方面采取的相应措施不包括（　　）。
A. 焊前预热
B. 选择合理的施焊次序
C. 施焊前给构件施加一个与焊接变形方向相反的预变形
D. 焊接后用水迅速冷却

8. 下列不属于门式刚架结构次结构的是（　　）。
A. 墙梁 B. 柱间支撑
C. 抗风柱 D. 檩条

9. 钢结构的屋盖支撑按其位置不包括（　　）。
A. 上弦横向水平支撑 B. 下弦纵向水平支撑
C. 上弦纵向水平支撑 D. 垂直支撑

10. 影响现浇钢筋混凝土房屋的抗震等级的因素不包括（　　）。
A. 结构类型 B. 场地类别
C. 房屋层数 D. 抗震设防烈度

三、判断题（10题，每题1分，共10分）

1. 幼儿园及中、小学的教学用房属于标准设防类建筑。（　　）
2. 箍筋受力主要是承受由剪力和弯矩在梁内引起的主拉应力。（　　）
3. 板纵向受力钢筋宜取大直径钢筋，采用大间距配置以有利于控制裂缝。（　　）

4. 混凝土斜截面受剪承载力通过计算配置箍筋和弯起钢筋来保证。（　）

5. 抗震设防区的框架结构的房屋，为方便使用，楼梯间应布置在结构单元的两端或转角位置。（　）

6. 抗震设计时，框架结构填充墙宜与柱脱开或采用柔性连接。（　）

7. 在砌体结构中，当梁端局部受压承载力不满足时，常用的措施是在梁端下设置刚性垫块或垫梁。（　）

8. 在承受动荷载的结构中，垂直于受力方向的焊缝可采用不焊透的对接焊缝。（　）

9. 普通 C 级螺栓的孔径较螺栓公称直径大 1.0～1.5mm。（　）

10. 钢结构受弯构件刚度验算时，计算挠度荷载取值为荷载设计值。（　）

四、简答题（3题，共20分）

1. 简述钢筋与混凝土共同工作的原因。（7分）

2. 简述钢筋混凝土连续梁的塑性内力重分布的概念。（7分）

3. 简述普通螺栓的五种破坏形式。其中哪几种破坏形式通过构造保证？如何保证？哪几种破坏形式通过计算保证？（6分）

五、计算题（2题，每题10分，共20分）

1. 一偏心受压钢筋混凝土柱，截面 $b \times h = 300\text{mm} \times 500\text{mm}$，计算长度 $H_0 = 4000\text{mm}$，采用对称配筋，$A_s = A_s' = 1964\text{mm}^2$，$f_y = f_y' = 360\text{N/mm}^2$，混凝土强度等级 C30，$f_c = 14.3\text{N/mm}^2$，承受一偏心集中力 N 作用，$\eta e_i = 900\text{mm}$，验算柱承载力 N。（提示：$\xi_b = 0.544$）

2. 验算如图所示轴心受压柱的强度、整体稳定性和局部稳定性能否满足要求。已知轴向荷载设计值为 $N=1500\text{kN}$，Q235-B级钢，$f=215\text{N/mm}^2$，截面绕 x 轴为 b 类截面、绕 y 轴为 c 类截面，截面无任何削弱。

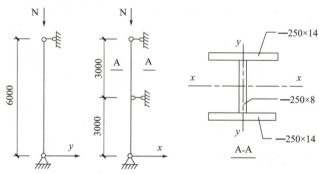

题 2 （尺寸单位：mm）

b 类截面轴心受压构件的稳定系数 φ

$\lambda\sqrt{\dfrac{f_y}{235}}$	0	1	2	3	4	5	6	7	8	9
30	0.936	0.932	0.929	0.925	0.922	0.918	0.914	0.910	0.906	0.903
40	0.899	0.895	0.891	0.887	0.882	0.878	0.874	0.870	0.865	0.861
50	0.856	0.852	0.847	0.842	0.838	0.833	0.828	0.823	0.818	0.813

c 类截面轴心受压构件的稳定系数 φ

$\lambda\sqrt{\dfrac{f_y}{235}}$	0	1	2	3	4	5	6	7	8	9
30	0.902	0.896	0.890	0.884	0.877	0.871	0.865	0.858	0.852	0.846
40	0.839	0.833	0.826	0.820	0.814	0.807	0.801	0.791	0.788	0.781
50	0.775	0.768	0.762	0.755	0.748	0.742	0.735	0.729	0.722	0.715

参考答案

综合试题（十）